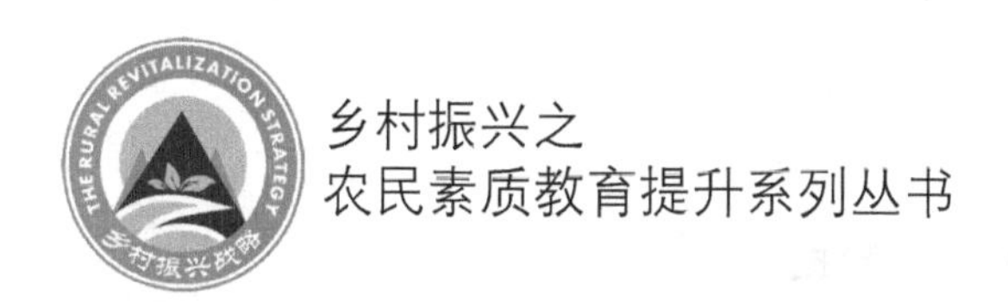

乡村振兴之
农民素质教育提升系列丛书

挖掘机培训教程

杨晓晖　主编

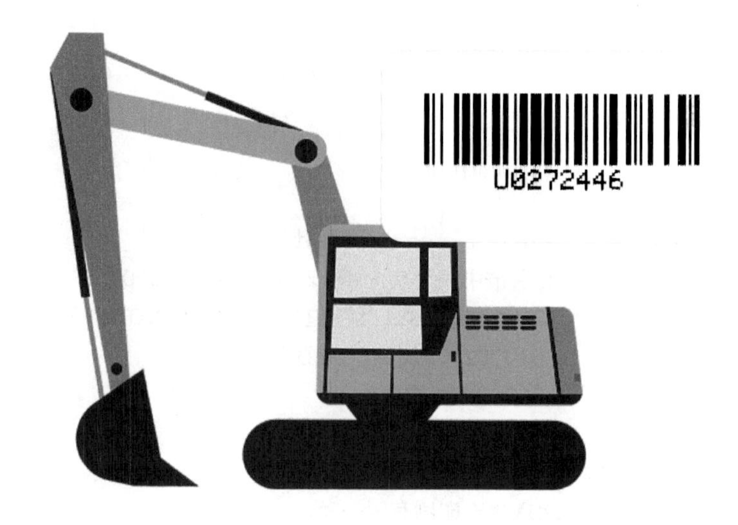

中国农业科学技术出版社

图书在版编目（CIP）数据

挖掘机培训教程／杨晓晖主编．—北京：中国农业科学技术出版社，2020.8

（乡村振兴之农民素质教育提升系列丛书）

ISBN 978-7-5116-4948-5

Ⅰ.①挖…　Ⅱ.①杨…　Ⅲ.①挖掘机-技术培训-教材　Ⅳ.①TU621

中国版本图书馆 CIP 数据核字（2020）第 152704 号

责任编辑　周　朋　徐　毅
责任校对　贾海霞

出 版 者　中国农业科学技术出版社
北京市中关村南大街 12 号　邮编：100081
电　　话　(010)82106631(编辑室)　(010)82109702(发行部)
(010)82109709(读者服务部)
传　　真　(010)82106631
网　　址　http://www.castp.cn
经 销 者　各地新华书店
印 刷 者　北京建宏印刷有限公司
开　　本　850 mm×1 168 mm　1/32
印　　张　5.375
字　　数　118 千字
版　　次　2020 年 8 月第 1 版　2020 年 8 月第 1 次印刷
定　　价　25.00 元

前　　言

随着科学技术的进步和市场经济的发展，工程机械在经济发展中的地位和作用越来越明显，挖掘机普及率也越来越高。同时，由于施工机械化的发展，对挖掘机操作人员在挖掘机设备操作、维修保养及其在施工中的综合运用等提出了知识更新的需求。

本书主要针对挖掘机操作人员进行上岗前培训的需要编写而成。在编写过程中从培训对象的实际情况出发，以通俗易懂的语言和直观的图示介绍了挖掘机基本常识、挖掘机构造原理、挖掘机的安全驾驶、挖掘机的驾驶训练、挖掘机维护与保养、挖掘机故障与排除等内容，内容丰富实用，可操作性强，方便使培训人员在短期内掌握挖掘机驾驶和维护的基本技能。

本书可供挖掘机岗前培训人员使用，也可作为售后服务人员、维修人员参考。

由于编者水平有限，在编写过程中难免出现不足之处，恳请广大读者批评指正。

编　者

前 言

目　录

第一章　挖掘机概述

第一节　挖掘机的功能和组成

一、挖掘机的功能

挖掘机是一种主要的工程机械，已广泛使用在土方作业、路桥施工、水利水电、应急抢险等工程领域，成为土方、道路、水利水电、拆除、桥梁、基础等工程的机械化施工标配设备。挖掘机的主要功能如下。

1. 开挖土壤

开挖土壤是挖掘机最基础的工作，是指用铲斗的斗齿切削土壤并装入斗内，装满土后提升铲斗并回转到卸土地点卸土，然后再使转台回转、铲斗下降到挖掘面，进行下一次挖掘。“挖掘—回转—卸载—返回”称为挖掘机的一个工作循环。

2. 装载作业

挖掘机兼有装载机的功能，能进行装载作业。进行装载作业时，应先将挖掘机移到装载卡车后面，以免回转时铲斗碰及卡车驾驶室或其他人员，而且在卡车后面比在卡车旁边更容易装载。装载时自前向后装车更加方便，而且装载量大。

3. 其他用途

挖掘机除了能进行开挖土壤、装载作业外，还可以通过工作装置的转换，用于起重、抓取、破碎、打桩、钻孔、开沟等多种作业，因此广泛应用于公路、铁路等道路施工，以及桥梁建设、城市建设、机场港口建设、水利施工中。

二、挖掘机的组成

单斗液压式挖掘机是使用最为广泛的挖掘机，一般由行走装置、转向装置、控制系统、工作装置、动力装置液压传动系统及其他系统部件和附属装置等组成（图 1-1）。

第二节　挖掘机的分类和型号

一、挖掘机的分类

1. 按作业方式分类

挖掘机械的种类繁多，按其作业方式可分为连续作业式和周期作业式两种。连续作业式采用多斗挖掘机，在建筑施工中很少用。一般用于矿山、港口、水利、仓储等场所；周期作业式一般采用单斗挖掘机，常见于建筑施工、单体工程土石方挖掘等。

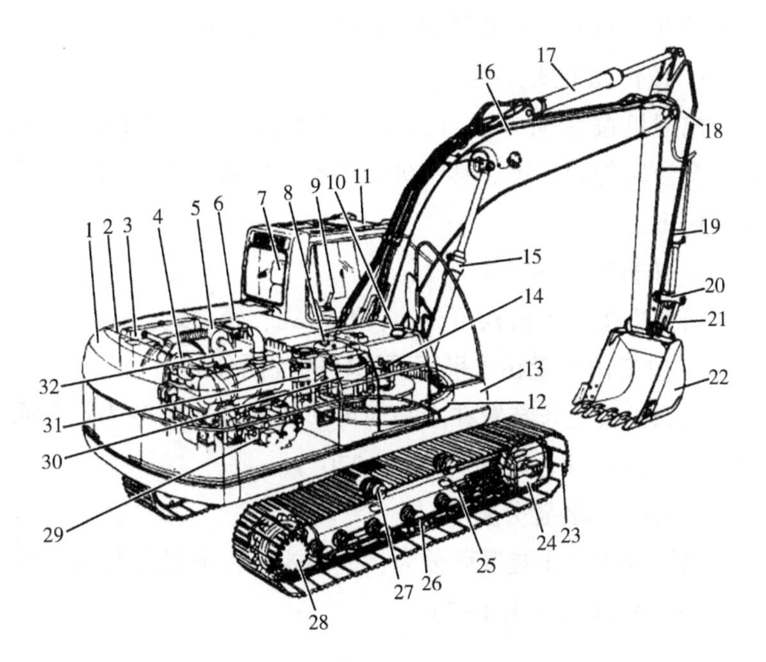

1–配重；2–发动机罩；3–散热器和润滑油冷却器；4–发动机；5–空气滤清器；6–蓄电池；7–驾驶座；8–液压油箱；9–跟踪式操纵杆；10–燃油箱；11–驾驶室；12–回转轴承；13–贮物箱；14–旋转接头；15–动臂油缸；16–动臂；17–斗杆油缸；18–斗杆；19–铲斗油缸；20–连接装置；21–动力连接装置；22–铲斗；23–履带；24–张紧轮；25–履带调节器；26–支重轮；27–托轮；28–带马达最终传动；29–油泵；30–带马达回转驱动；31–旋装式滤清器（回油滤清器）；32–控制阀

图 1–1　单斗液压挖掘机系统部件构成

2. 按驱动方式分类

挖掘机按驱动方式可分为：电驱动式、内燃机驱动式、复合驱动式等。其中电驱动式挖掘机主要应用在高原缺氧、地下矿井、易燃易爆及其他有特殊需求的场所。

3. 按传动方式分类

挖掘机按传动方式可分为：机械传动式、半液压传动式、全液压传动式等。其中机械传动式挖掘机主要用在一些大型矿山上。

4. 按行走机构分类

挖掘机按行走机构可分为：履带式、轮胎式。

5. 按工作装置在水平面可回转的范围分类

挖掘机按工作装置在水平面可回转的范围可分为：全回转式（360°）和非全回转式（<270°）。

6. 按工作装置分类

挖掘机按工作装置可分为：铰接式（左侧挖斗挂装于机身）和伸缩臂式（图 1-2）。

图 1-2 挖掘机按工作装置分类

7. 按使用条件方式分类

挖掘机按使用条件方式可分为：专用型（如矿山型）、通用型（建筑型）与水陆两栖型（图 1-3）。

建筑型　　矿山型　　水陆两栖型

图 1-3 挖掘机按使用条件方式分类

8. 按吨位分类

挖掘机按吨位可分为：小型挖掘机、中型挖掘机和大型挖掘机（分别简称小挖、中挖和大挖）。

小挖：整机重量≤13t。国内被广泛运用的小型挖掘机为自重 3~8t，主要应用于公路养护、园林绿化、小区建设、市政工程及农田建设等场合。

中挖：整机重量 15~30t。主要应用于建筑工地、土方工程、中小型矿山开采等工程项目。

大挖：整机重量 40~200t。主要应用于大规模露天矿山的开采及大型基础建设，还被应用于填海造地工程及港湾河道疏通等大型工程等。

9. 按铲取方式分类

挖掘机按铲取方式可分为：正铲、反铲（图 1-4）。

二、挖掘机型号

我国挖掘机型号的编制方法是用“字母+数字”表示。

正铲式　　　　反铲式

图 1-4　挖掘机按铲取方式分类

第一个字母用 W 表示，后面的数字表示机重。如 W 表示履带式机械单斗挖掘机，WY 表示履带式液压挖掘机，WLY 表示轮胎式液压挖掘机，WY200 表示机重为 20t 的履带式液压挖掘机。

第三节　挖掘机行业术语

《土方机械　液压挖掘机术语和商业规格》（GB/T 6572—2014）规定了自行履带式和轮胎式液压挖掘机及其工作装置的术语和商业文件的技术内容。

1. 主机

不带有工作装置或附属装置的机器，但包括安装工作装置和附属装置所必需的连接件；主机必须带有安装该标准规定的工作装置时的连接件。如需要，可带有司机室、机棚和司机保护结构。

2. 工作装置

工作装置是安装在主机上的一组部件，该装置可完成其基本设计功能。

3. 附属装置

附属装置是为专门用途而安装在主机或工作装置上的部件总成。

4. 反铲工作装置

反铲工作装置由动臂、斗杆、连杆和反铲斗组成，其切削方向一般向着主机，它主要用于停机地面以下的挖掘作业（图 1-5）。

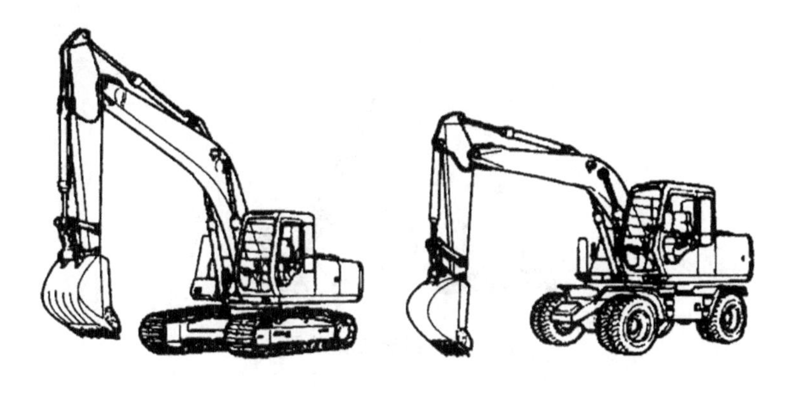

图 1-5　反铲工作装置

5. 正铲工作装置

正铲工作装置由动臂、斗杆、连杆和正铲斗组成，其切削方向为远离主机并且一般向上。它主要用于停机地面以上的挖掘作业（图 1-6）。

图 1-6　正铲工作装置

6. 抓铲工作装置

抓铲工作装置由动臂、斗杆和带连杆的抓斗组成。一般在垂直方向进行挖掘和抓取作业，在基准地平面上、下进行卸料作业（图 1-7）。

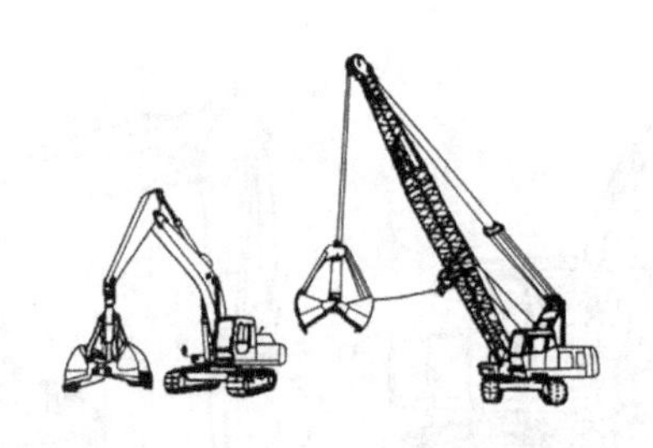

图 1-7　抓铲工作装置

7. 伸缩臂工作装置

伸缩臂工作装置由动臂和铲斗组成，铲斗能沿着动臂轴线伸出和缩回，其切削方向是通过动臂的伸缩动作朝向主机。其主要用于停机地平面上、下的挖掘和斜坡作业（图 1-8）。

图 1-8　伸缩臂工作装置

8. 标准斗容量

标准斗容量是指挖掘Ⅳ级土质时，铲斗堆尖时的斗容量。它直接反映了挖掘机的挖掘能力和效果，并以此选用施工中的配套运输车辆。

9. 机重

机重是指带标准反铲或正铲工作装置的整机质量。反映了机械本身的质量级，它对技术参数指标影响很大，影响挖掘能力的发挥、功率的充分利用和机械的稳定性。故机重反映了挖掘机的实际工作能力。操作重量决定了挖掘机的级别，决定了挖掘机挖掘力的上限。如果挖掘力超过这个极限将非常危险，在反铲的情况下，挖掘机将打滑，并被向前拉动；在正铲情况下，挖掘机将向后打滑。

10. 额定功率

额定功率是在日常运转条件下，飞轮输出的净功率，单位为 kW。它反映了挖掘机的动力性能，是机械正常运转的必要条件。

11. 最大挖掘力

按照系统压力或主泵额定压力，工作时铲斗油缸或斗杆油缸所能发挥的斗齿最大切向挖掘力，单位为 kN。对反铲装置，有斗杆最大挖掘力和铲斗最大挖掘力之分；对正铲装置，有最大推压力和最大掘起力（破碎力）之分。需要注意的是铲斗和斗杆的最大挖掘力并不能准确说明挖掘机挖掘物体时输出力量的大小，因为挖掘机在挖掘作业时是铲斗、斗杆和动臂一起做复合动作的，是三力的合力作用在所挖掘的物体上。

12. 回转速度

挖掘机空载时，稳定回转所能达到的平均最大速度。

13. 行走速度和牵引力

牵引力是指挖掘机行走时所产生的力，单位为 kN。主要影响因素包括行走马达低速挡排量、工作压力、驱动轮节圆直径、机重。行走速度与牵引力表明了挖掘机行走的机动灵活性及其行走能力。较大的牵引力能使挖掘机在湿软或高低不平等不良地面上行走时具有良好的通过性能、爬坡性能和转向性能。

14. 爬坡能力

挖掘机在坡上行走时所能克服的最大坡度，单位为“°”或“%”。目前，履带式液压挖掘机的爬坡能力多数在 35°（70%）。

第二章　挖掘机构造原理

单斗挖掘机生产使用与市场覆盖面广泛，在工程作业中处于主导地位。本章以常见的单斗液压挖掘机为例，介绍其结构布局、基本性能和工作原理。

第一节　液压传动原理与组成

一、液压传动原理和特点

液压传动是以液压油为工作介质，利用液体压力来传递动力和进行控制的一种传动方式。

液压传动是根据帕斯卡原理，在密闭容器内，施加于静止液体上的压力将以等值同时传递到液压各点在两个连通的油缸中，因此施加在面积小的活塞上的力在面积大的活塞上将会成比例放大。在同等体积下，这种液压装置能比电气装置产生更多的动力。液压传动的优缺点见表 2-1。

液压传动装置是先将机械能转换成液体压力能，再将液体压力能转换为机械能。

液压传动装置体积小、质量轻，对于液体压力、流量及流动方向易于控制，因而在工程机械中被广泛采用。

液压传动的具体优缺点详见表 2-1。

表 2-1 液压传动的优缺点

液压传动的优点	液压传动的缺点
①体积小 ②易于实现过载保护 ③易于实现无级变速 ④工作比较平稳，动作比较流畅 ⑤能够实现远距离控制	①配管作业比较麻烦 ②工作过程中的能量损失较多（如泄漏损失、摩擦损失等） ③对油温变化比较敏感，工作稳定性易受温度的影响

二、液压传动系统的组成

液压传动系统（图 2-1）主要由以下 5 部分组成。

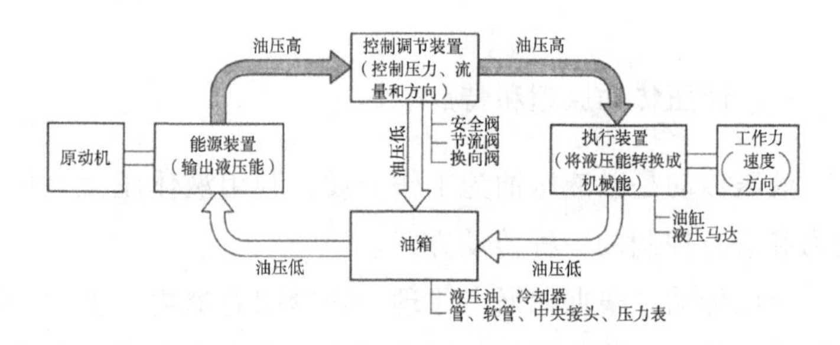

图 2-1 液压传动系统的组成

能源装置：把机械能转换成油液液压能的装置，最常见的形式是液压泵。

执行装置：把油液的液压能转换成机械能的装置，包括油缸、液压马达等。

控制调节装置：对油液的压力、流量、流动方向进行控

制或调节的装置，例如压力控制阀、流量控制阀、方向控制阀等。

辅助装置：上述3部分以外的其他装置，例如油箱、过滤器、油管、中央回转接头等。

工作介质：即液压油，其作用是实现运动和动力的传递。

1. 能源装置

液压泵是一种能量转换装置，它把原动机（发动机或电动机）的机械能转换成输送到液压系统中的油液的压力能，供系统使用。液压泵按结构形式可以分为齿轮泵、柱塞泵和叶片泵。液压挖掘机常用齿轮泵或柱塞泵作为动臂、斗杆和回转等执行元件的动力源。

（1）齿轮泵

齿轮泵在结构上可以分为外啮合式和内啮合式两种，应用较广的是外啮合齿轮泵（图2-2）。外啮合齿轮泵的壳体内有一对外啮合齿轮，齿轮两侧有端盖盖住。壳体、端盖和齿轮的各个齿间槽组成了许多密封工作腔。当齿轮转动时，吸油腔（左侧）由于互相啮合的齿轮逐渐脱开，密封工作腔的容积逐渐增大，形成部分真空，油箱中的油液被吸入齿轮泵，并随着齿轮转动，将油液送到压油腔一侧，由于齿轮逐渐啮合，密封工作腔的容积不断减小，压力油就被输出。

齿轮泵的特点如下。

①体积小，重量轻。

②结构简单，耐用。

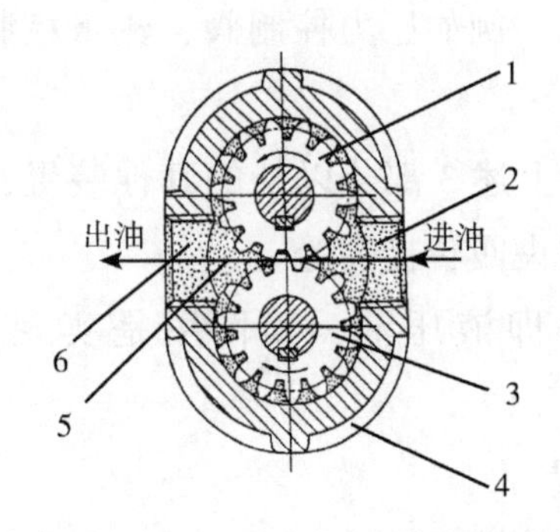

1-主动齿轮；2-进油口；3-从动齿轮；4-泵壳；5-限压阀；6-出油口

图 2-2　外啮合齿轮泵工作原理

③故障较少，容易维护。

④无法实现高压、大流量。

（2）柱塞泵

柱塞泵是依靠在其缸体内往复运动时，根据密封工作腔的容积变化实现吸油和压油。

柱塞泵的特点如下。

①容积效率高，易获得 30~40MPa 的高压。

②可输出大流量的压力油，且脉动较小。

③易于实现排量调节。

④结构复杂，零件数目较多。

2. 执行装置

执行装置也是一种能量转换装置。将油液的压力能转换为机械能。根据运动方式，可分为实现直线运动的液压缸和实现旋转运动或摆动的液压马达。

（1）液压缸

液压缸是一种将液压油的压力能转换成机械能以实现直线运动的能量转换装置。按照液压作用情况，可分为单作用缸和双作用缸。挖掘机上一般使用双作用式单杆活塞缸。双作用式单杆活塞缸是双向液压驱动，通过改变进出油口，可使活塞杆实现往复运动。

（2）液压马达

液压马达的结构与液压泵相类似，但液压马达是将油液的压力能转换成机械能，使主机的工作部件克服负载及阻力而产生旋转运动或摆动。挖掘机上主要使用柱塞马达。

3. 控制调节装置

挖掘机的控制调节装置是各种液压阀。液压阀是用来控制液压传动系统中油液的流动方向或调节其压力和流量的，因此按照机能可分为压力控制阀、流量控制阀和方向控制阀3 大类。

（1）压力控制阀

压力是液压传动的基本参数之一，为使液压传动系统适应各种要求，需要对油液的压力进行控制。压力控制阀就是根据油液压力而动作的控制阀，如溢流阀、减压阀、平衡阀等。

溢流阀又称安全阀。当液压回路的压力超过规定值时，部分或全部的液压油将从溢流阀返回油箱，使系统压力不会继续增高，从而保护泵和其他元件不致损坏，起到安全保护作用。

当液压传动系统的不同回路所需要的压力不同时，则采用减压阀。在挖掘机中，可采用减压阀设定停车制动解除压力，并且防止停车制动器剧烈运动。

平衡阀是工程机械使用较多的一种阀，对改善某些机构的使用性能起到不可忽视的作用。例如，在挖掘机的行走系统中设置平衡阀防止超速下滑，并保持启动和停止平稳。

（2）流量控制阀

流量控制阀通过改变通流面面积的大小来调节流量，达到调节执行装置运动速度快慢的目的。转动节流阀调节手柄，可改变节流孔的开度，从而调整流量。

（3）方向控制阀

方向控制阀在液压系统中。用于控制油液的流动方向。按功用不同，分为换向阀和单向阀两大类。

换向阀又称方向控制阀，利用阀芯相对于阀体的相对运动，使油路接通、关闭，或变换油流的方向，从而使执行装置启动、停止或变换运动方向。

单向阀可以保证通过阀的液压油只能向一个方向流动，而不会反向流动。

4. 辅助装置

（1）油箱

油箱的功能主要是储存油液，此外还起着散发油液中的热量（在周围环境温度较低的情况下则是保持油液热量）、释放混在油液中的气体、沉淀油液中污物等作用。

（2）滤油器

滤油器的功能是过滤混在油液中的杂质，使进入系统的

油液的污染度降低，保证液压传动系统正常工作。

（3）油冷却器

液压设备使用一段时间后，液压系统油温逐渐上升，如果油温过高将会引起各种故障，为此需要设置油冷却器。它的功能是控制油温，保证液压系统的正常工作温度，延长液压系统的使用寿命。

（4）中央回转接头

全液压式挖掘机需将装在上部回转平台上的液压泵的压力油输送到下部行走体，而行走马达的回油则要返回上部回转平台上的油箱。上部回转平台与下部行走体之间通过中央回转接头实现工作连接和动作协调，以避免机器回转时造成软管的扭曲和摩擦。

中央回转接头由旋转芯子、外壳和密封件组成。外壳与上部回转平台连接，并随回转平台转动，而旋转芯子与下部行走体连接。旋转芯子的外圆上加工有油槽，油槽的数量与配管数量一致。油液从外壳上的油孔进入，再经过油槽进入旋转芯子，最终被送到行走装置。有些机型的中央回转接头，也采用旋转芯子和上部回转平台连接，而外壳和下部行走体连接的设计形式。

5. 液压油

在液压传动系统中，液压油是传递动力和信号的工作介质。同时，液压油还具有润滑、冷却和防锈等作用。液压传动系统能否可靠、有效地工作，在很大程度上取决于所使用液压油的品种、性能和清洁度。

（1）对液压油的要求

液压挖掘机经常在露天工作，工况和工作负荷复杂而多变，因此所选用的液压油应符合下列要求。

①具有合适的黏度，且油液黏度受温度变化的影响较小。

②凝点较低，低温流动性好。

③物理和化学性能稳定。

④具有良好的润滑性能和抗磨性能。

⑤防锈性好、腐蚀性小。

⑥与各种密封件间具有良好的相容性，对密封材料的影响要小。

⑦质地纯净，杂质少。

总之，所使用的液压油必须符合机器使用说明书或制造厂家的要求。

（2）对液压油污染度的控制

实践证明，液压油的污染是液压挖掘机等液压设备发生故障的主要原因，它严重影响着液压系统的可靠性以及元件的寿命。因此，严格地控制液压油污染度是非常重要的，操作人员应该采取如下措施：

①定期更换滤油器滤芯；

②定期清洗滤油器壳体内的污物；

③定期清洗液压油箱内的污物；

④补充或更换液压油时，防止杂质或异物进入系统。

操作人员对液压油污染度的目测判断与处理措施，见表

2-2。

表 2-2　液压油污染的目测判断与处理措施

外观颜色	气味	状态	处理措施
透明，但颜色变淡	正常	混入其他油液	检查黏度，若符合要求，可继续使用
变成乳白色	正常	混入空气和水	换油
变成黑褐色	有臭味	氧化变质	换油
透明但有小黑点	正常	混入杂质	滤后使用或换油
起泡	—	混入润滑脂	换油

第二节　动力系统

发动机是挖掘机的心脏，为挖掘机提供所有的动力。常用的发动机可分为传统直喷发动机、智能控制的电喷发动机、LNG 压缩天然气发动机等类型。本节以传统的直喷柴油发动机为例，兼顾电喷发动机、燃气发动机、电动机。其他类型发动机（电喷发动机高压共轨系统、LNG 压缩天然气发动机等），本节只给出简要介绍；对于更多的相关新知识，读者可参照有关厂商提供的设备手册，通过延伸阅读学习掌握新型发动机和技术进步的最新变化情况。

一、直喷柴油发动机

柴油发动机所使用的燃料为柴油。清洁的柴油经燃油喷射泵和喷油器呈雾状喷入汽缸，在汽缸内油雾和 600℃高温压缩空气均匀混合，燃烧、爆发产生动力。这种发动机又称为压燃式发动机。目前国内生产和销售的燃油型液压挖掘机使用的原动机均为柴油发动机。

汽油发动机构造复杂故障率大，运行保养费用昂贵，且同等体积下的汽油发动机输出功率小，输出扭矩也小，因此汽油发动机无法作为挖掘机的原动力机。

近几年由于尾气环保排放标准的提高，市场出现了以压缩天然气为燃料的发动机。

柴油发动机、汽油发动机、天然气发动机的特性差异，见表 2-3。

表 2-3　柴油发动机与汽油发动机、天然气发动机的区别及性能比较

对比项目	柴油发动机	汽油发动机	天然气发动机
燃料	柴油或重油	汽油	LNG 天然气
点火方式	空气的压缩热	电火花点燃	点燃式、压燃式、柴油引燃式
着火点	220℃	427℃	650℃
驱动方式	活塞/汽缸驱动	燃油直喷涡轮驱动	燃气直喷涡轮驱动
功率/价格	大	小	小
运行经费	便宜	昂贵	便宜
故障率	低	高	高
回转力、扭矩	大	小	小
防火性	好	差	差
噪声、振动	大	小	小
冬季低温工况启动性	差	好	好

1. 柴油发动机的分类

柴油发动机可按工作方式或燃烧方式等进行分类，详见表 2-4。

表 2-4　柴油发动机的分类

分类方式	种类
工作方式	四冲程、二冲程
燃烧方式	直喷式、预燃烧室式、涡流室式
冷却方式	水冷式、空冷式
增压方式	废气增压式、机械式
汽缸配置	直列式、“V” 形

2. 柴油发动机的工作原理

以单缸喷式柴油发动机为例，柴油发动机按每一循环所需活塞行程分类，可分为四冲程发动机和二冲程发动机。挖掘机采用四冲程柴油发动机，曲轴旋转两圈，活塞往复运动 4 次，完成吸气、压缩、做功、排气一个工作循环，即曲轴每转两圈做功 1 次。

（1）吸气冲程

活塞从上止点向下止点移动，这时在配气机构的作用下进气门打开，排气门关闭。由于活塞的下移，气缸内容积增大，压力降低，新鲜空气经过滤器、进气管不断吸入气缸。

（2）压缩冲程

活塞从下止点向上止点运动，这时进、排气门关闭。气缸内容积不断减少，气体被压缩，其温度和压力不断提高。

（3）做功冲程

在压缩冲程即将终了时，喷油器将柴油以细小的油雾喷入汽缸，在高温、高压和高速气流作用下很快蒸发，与空气混合，形成混合气。混合气在高温下自动着火燃烧，放出大量的热量，使汽缸中气体温度和压力急剧上升。高压气体膨胀推动活塞由上止点向下止点移动，从而使曲轴旋转对外做功。

（4）排气冲程

做功冲程结束后，排气门打开，进气门关闭。活塞在曲轴的带动下由下止点向上止点运动，燃烧后的废气便依靠压力差和活塞的排挤，迅速从排气门排出。

活塞经过上述4个连续冲程后，便完成一个工作循环。当活塞再次由上止点向下止点运动时，又开始下一个工作循环。这样周而复始地继续下去。

3. 柴油发动机的构造

柴油发动机是一种较为复杂的机械，包含许多机构和系统。就总体构造而言，直喷式柴油发动机由汽缸体、曲轴箱组、曲柄连杆机构、配气机构、进排气系统、润滑系统、燃油系统、冷却系统和电气装置等组成。

（1）汽缸体、曲轴箱组和曲柄连杆机构

汽缸体、曲轴箱组主要包括汽缸盖、汽缸体、曲轴箱等；它是发动机各机构、各系统的装配基体；其本身的许多部件又分别是曲柄连杆机构、配气机构、燃油供给系统、冷却系统和润滑系统的组成部分。

曲柄连杆机构是发动机传递运动和动力的机构，通过它把活塞的往复运动转变为曲轴的旋转运动而输出动力。曲柄连杆机构主要由活塞、活塞环、活塞销、连杆、曲轴、飞轮等组成（图 2-3）。

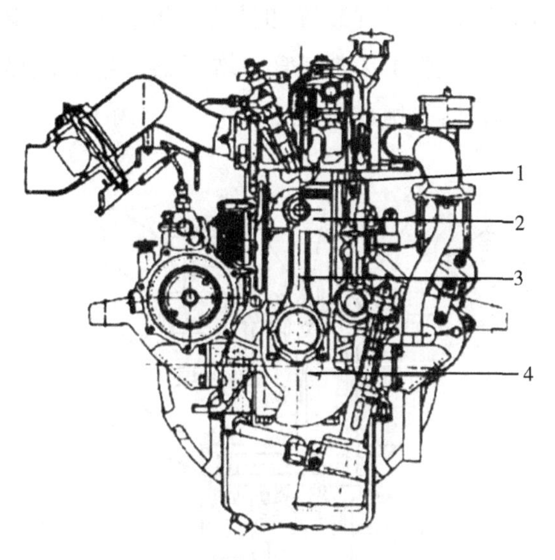

1-汽缸套；2-活塞；3-连杆；4-曲轴

图 2-3　发动机的曲柄连杆机构

汽缸盖与汽缸套、活塞等共同构成了密闭的燃烧室，燃烧室上安装有喷油嘴、配气机构。活塞顶部承受爆炸压力，并由此产生往复运动。活塞通过活塞销与连杆连接，连杆和曲轴相连接，曲轴通过连杆机构将活塞的往复运动变成旋转运动。

（2）配气机构和进排气系统

配气机构的作用是使新鲜空气或混合气按一定的要求在

一定的时刻进入汽缸，并使燃烧后的废气及时排出汽缸，保证发动机换气过程顺利进行。配气机构主要由进气门、排气门、进排气管和控制进排气门的传递机构（气门挺柱、气门推杆、凸轮轴、正时齿轮等）组成。

进排气系统包括进气装置和排气装置。进气装置由空气滤清器（空气净化器）、进气管、增压器等组成。排气装置由排气管、消音器等组成（图 2–4）。

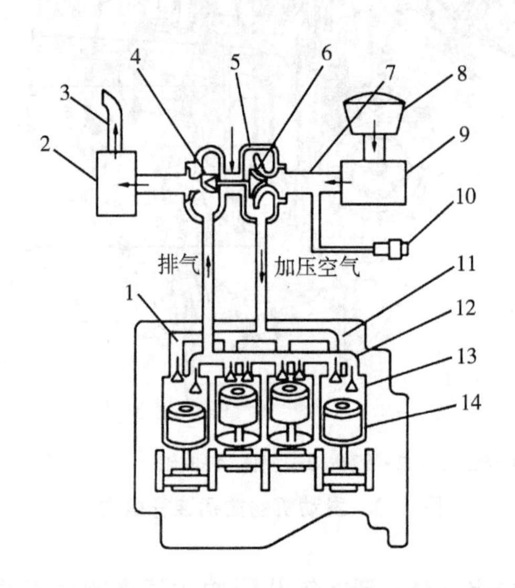

1–进气歧管；2–消音器；3–排气管；4–涡流叶轮；5–增压器；6–压气叶轮；7–进气管；8–预清器；9–空气滤清器；10–灰尘指示器；11–汽缸盖；12–排气歧管；13–汽缸体；14–活塞

图 2–4　进排气装置

空气滤清器的作用是清除空气中的灰尘和杂质，将清洁

的空气送入汽缸，以减少发动机汽缸内高速运动零件的磨损。

增压器由涡轮机和压气机两部分组成，按驱动方式可分为机械式和废气涡轮式，挖掘机上多采用废气涡轮式增压器。废气涡轮增压器是用发动机的排气推动涡轮机来带动压气机，以压缩进气，达到进气增压的要求，从而提高进气密度，以提高功率。

（3）润滑系统

润滑系统的主要作用是将润滑油不间断地送入发动机的各个摩擦表面（如轴承、活塞环、气缸壁等），以减少运动件之间的摩擦阻力和零件的磨损，并带走摩擦时产生的热量和金属磨屑。主要由机油滤清器、机油道、机油泵和机油冷却器组成（图 2-5）。

机油滤清器的作用是过滤机油中的灰尘等杂质。

发动机机油具有如下作用。

①润滑作用。

②冷却作用。

③密封作用。

④清理作用。

⑤防锈作用。

机油有各种规格，使用机油时要选用机器操作说明书指定的机油规格。

（4）燃油系统

燃油系统的作用是将一定量的柴油，在一定时间内以一

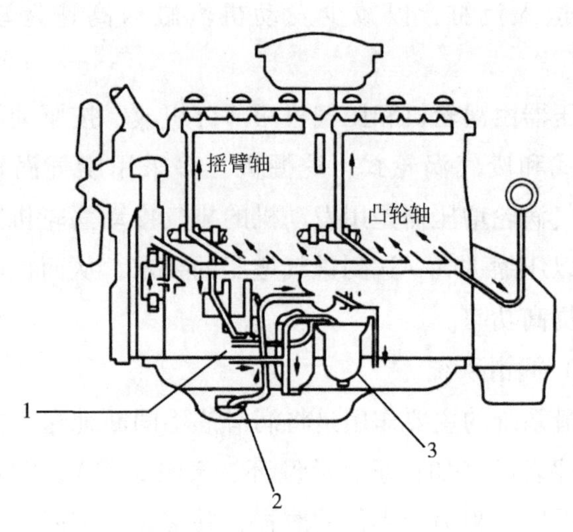

1-机油冷却器；2-吸油盘；3-机油滤清器

图 2-5　润滑系统

定的压力喷入燃烧室与空气混合，以便燃烧做功，它主要由燃油箱、燃油输送泵、燃油滤清器、燃油喷射泵、喷油器和调速器等组成（图 2-6）。

燃油输送泵将从燃油箱吸上来的燃油，经过燃油滤清器送入燃油喷射泵。

燃油喷射泵通过柱塞，运动和转动。燃油产生很高的压力，再经喷射管、喷油器将燃油呈雾状喷入燃烧室。

喷油器的作用是将燃油雾化成细微的油滴，并将其喷射到燃烧室进行燃烧。

燃油滤清器的作用是去除燃油中的杂质和水分，提高燃油的清洁度。

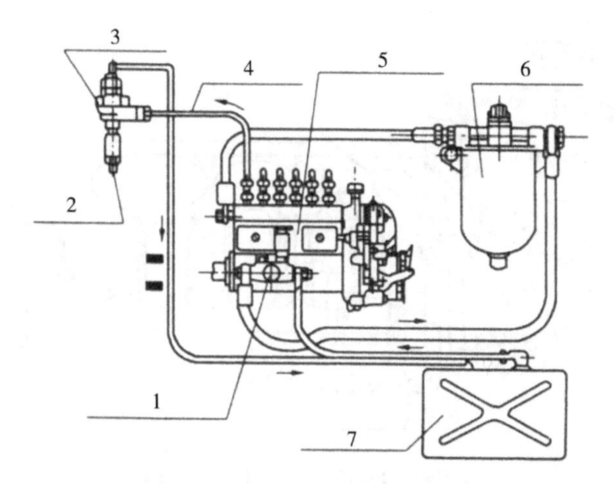

1-燃油输送泵；2-喷油嘴；3-喷油器；4-燃油喷射管；
5-燃油喷射泵；6-燃油滤清器；7-燃油箱

图 2-6　燃油系统（直喷发动机）

（5）冷却系统

冷却系统的主要作用是将发动机受热零件，如汽缸盖、汽缸、气门等发出的热量散发到大气中，保证发动机的正常工作温度。根据冷却介质不同，分为水冷和风冷两种形式。水冷系统主要有水泵、风扇、温器和冷却水道等组成。

冷却系统组成如图 2-7 所示。

冷却水由水泵泵入，并通过油冷却器流入缸体；冷却水进入缸体水道，然后向上流向缸盖；冷却水在热的燃烧室、进气门和排气门循环带走热量，然后通过分支歧管流向节温器；当冷却水温高时，节温器把水引到散热器。若冷却水水温正常，它把水直接送回到水泵。

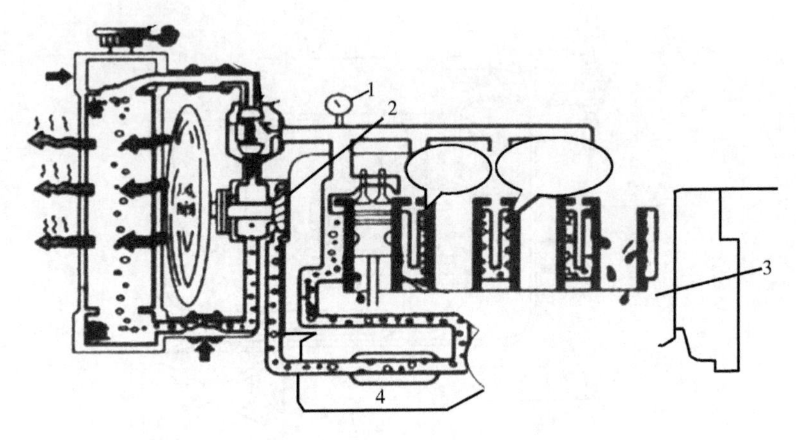

1–水温表；2–水泵；3–缸体；4–油冷却器

图 2–7　冷却系统

水冷系统的冷却强度通常可以通过改变流经散热器的冷却液流量来调节，即低温时节温器关闭，小循环通路打开；当温度升高到一定程度，节温器打开，这时来自气缸盖出水口的冷却液全部进入散热器中进行冷却，此为大循环。

冷却液包括冷却水、防锈剂和防冻剂。冷却水应选用杂质少的软水（如纯净水）。为防止散热器和发动机生锈，冷却水里应加入防锈剂。根据不同季节及机器作业上气候条件和现场工况温度的高低，还须调整防冻液的比例以达到设备运行条件。

（6）电气系统

发动机的电气系统（图 2–8）一般包括发动机的电启动装置、充电电路等。

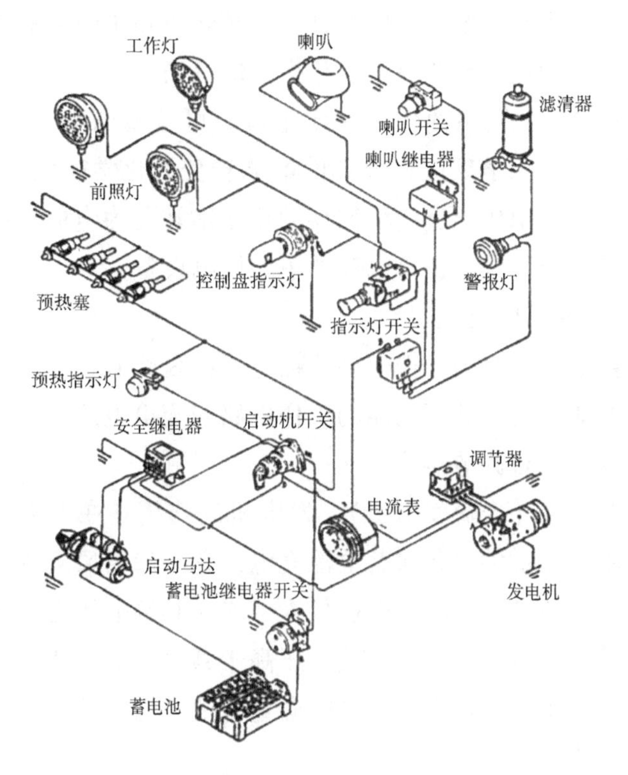

图 2-8　电气系统

1）启动装置

启动装置用来启动发动机，它主要包括启动电机及传递机构和便于启动的辅助装置。

启动电机（启动马达）：发动机启动时，使用启动马达带动飞轮旋转，驱动曲轴转动。

预热装置：预热装置的作用是加热进气管或燃烧室的空气，从而提高气缸内压缩终了状态空气的温度，使喷入燃烧室的柴油容易形成良好的混合气。预热电路中包含有预热塞和预热指示灯，预热时，预热指示灯点亮。

蓄电池：蓄电池作为化学电源，可储蓄电能。充电时，利用内部的化学反应将外部的电能转变为化学能储存起来；放电时，利用化学反应将储存的化学能转化为电能输出。启动电机和照明装置是蓄电池的主要用电设备。

2）充电电路

蓄电池在使用过程中要消耗电能，因此需要不断补充和储蓄电能。实现储蓄电能的工作电路叫充电电路。充电电路包括发电机和调节器等。

发电机（交流发电机）：发电机的作用是在挖掘机工作中向用电设备供电和向蓄电池充电，它一般由风扇皮带进行驱动。发动机启动后发电机投入工作，其端电压随发动机转速的升高而逐渐增大，当端电压高于蓄电池的电压时，则由发电机向用电设备供电，同时向蓄电池充电，补充蓄电池消耗的电能。

调节器：调节器的作用是当发动机转速升高时，保证发动机供给的电压稳定在一定范围内。

二、电喷发动机高压共轨系统

现代机电控制技术的发展对柴油发动机节能环保技术进步起到较大促进作用，近几年先后出现了高压共轨技术、车载电脑控制技术、缸内智能化传感器技术等（图 2-9），整体提升了挖掘机智能化控制与节能水平，尾气排放的控制水

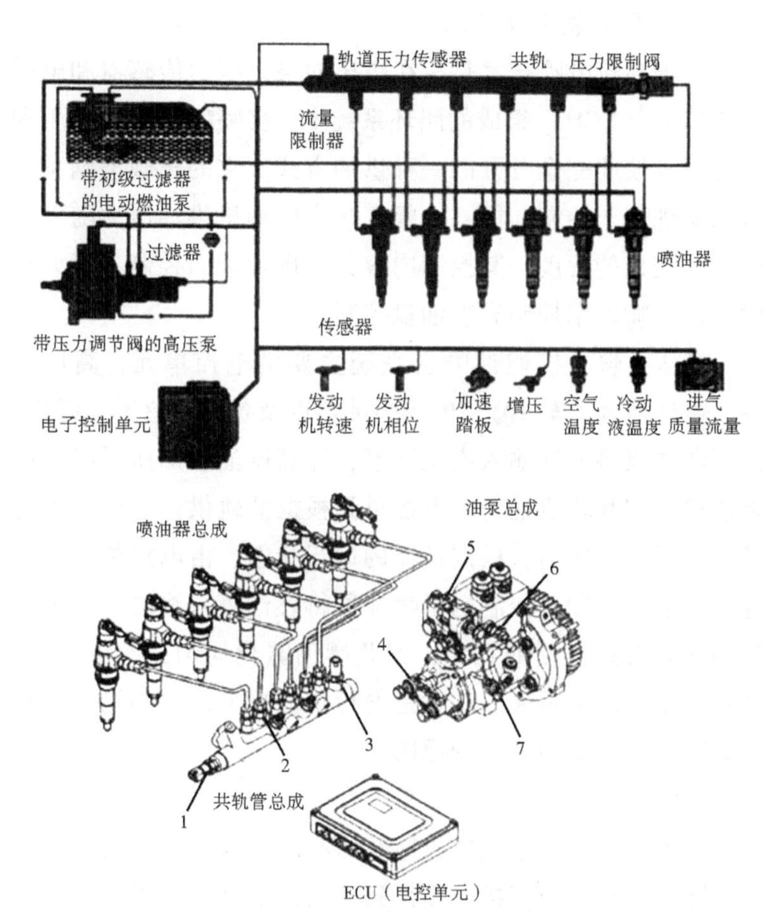

1-共轨压力传感器；2-流量限制器；3-压力控制阀；4-输油泵；5-FMU（燃油计量单元）；6-油温传感器；7-转速传感器

图 2-9　智能电喷发动机高压共轨技术原理与主要组件布局

平达到了国Ⅲ标准，推动了我国挖掘机产品节能环保水平与国际新产品的对接。

1. 高压共轨电喷技术

高压共轨电喷技术是指在高压油泵、压力传感器和电子控制单元（ECU）组成的闭环系统中，将喷射压力的产生和喷射过程彼此完全分开的一种供油方式。它的车载电脑系统可以实现若干控制功能，大幅度减小柴油机供油压力随发动机转速变化的程度。其控制内容分为燃油压力控制、喷射正时控制、喷射率控制和喷油量控制。

高压共轨电控燃油喷射系统主要由电控单元、高压油泵、蓄压器（共轨管）、电控喷油器以及各种传感器等组成。低压燃油泵将燃油输入高压油泵，经高压油泵加压后将高压燃油输送到共轨供油管，电控单元根据共轨供油管的压力传感器测量油轨压力，根据机器的运行状态，由电控单元确定合适的喷油时期，控制电子喷油器将燃油喷入汽缸。由于燃油的压力极高且喷油孔小，因此燃油雾化均匀，燃烧充分，飞轮输出的功率很大。这就是电喷柴油机为动力的挖掘机会比直喷挖掘机动力强劲的原因。

2. 发展趋势

由于各国环保尾气排放标准的不断提升，高压共轨技术在国际知名品牌挖掘机产品得到应用，电喷柴油机替代传统的直喷柴油机成为节能环保技术进步趋势。小松-8 机、卡特 D 型机、沃尔沃 BRIME 机等挖掘机厂家在各自的柴油机上都采用了这种高压电喷共轨技术。

三、LNG 压缩天然气发动机

1. 工作原理

天然气发动机基本原理为：压缩天然气从储气钢瓶出来，经过天然气滤清器过滤后，经高压减压器减压到 800~900kPa 后，再经过低压电磁阀进入发动机。天然气由高压变成低压的过程中需要吸收大量的热量，为防止天然气结晶，从发动机将发动机冷却液引出对燃气进行加热。天然气再经过低压电磁阀进入电控调压器（电控调压器的作用是根据发动机运行工况精确控制天然气喷射量），天然气与空气在混合器内充分混合，进入发动机汽缸内，经火花塞点燃进行燃烧，火花塞的点火时刻由 ECM 控制，氧传感器即时监控燃烧后的尾气的氧浓度，推算出空燃比，ECM 根据氧传感器的反馈信号和 MAP 值及时修正天然气喷射量（图 2-10）。

2. 系统部件

天然气发动机系统部件包括燃气供给系统、点火系统、增压压力控制系统等，其他还包括传感器和电子控制模块（图 2-11）。

3. 环保优势

LNG 压缩天然气发动机控制系统是实现高功率密度、高耐久性能的增压发动机动力输出的最合适的选择。其驾驶性能及在满足尾气排放要求前提下的燃料消耗经济性最优化。环境适应性好，即对不同海拔高度、燃料气质、湿度和环境

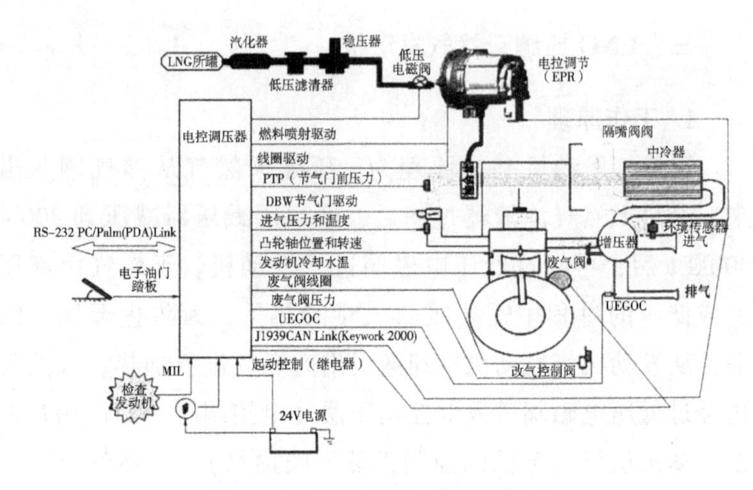

图 2-10　压缩天然气发动机原理

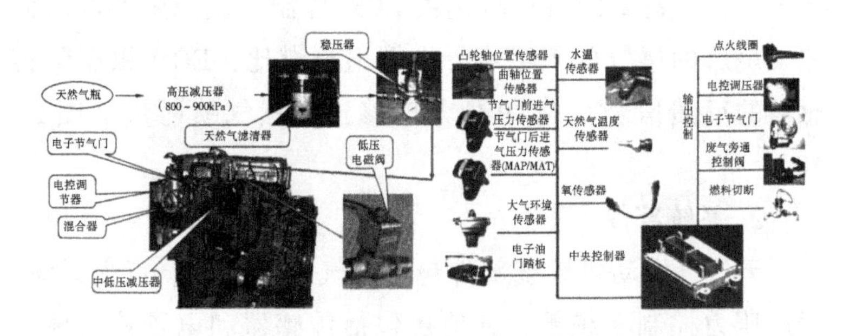

图 2-11　压缩天然气发动机控制系统和主要部件布局

温度的适应性最好。可靠性和耐久性非常高。热负荷接近柴油机。发动机排放达标，有利于降低车辆后处理成本；使用氧催化器可达欧Ⅲ至欧Ⅴ排放，使用SCR可达欧Ⅳ排放标准。

四、电动挖掘机动力装置——电动机

1. 三相异步电机

三相异步电机是靠同时接入380V三相交流电源供电的一类电动机。由于三相异步电机的转子与定子旋转磁场以相同的方向、不同的转速形成旋转，存在转差率，所以被称为三相异步电机。

三相异步电机是感应电机，定子通入电流以后，部分磁通穿过短路环，并在其中产生感应电流。短路环中的电流阻碍磁通量的变化，致使有短路环部分和没有短路环部分产生的磁通量之间产生了相位差，从而形成旋转磁场。通电启动后，转子绕组因与磁场间存在着相对运动而感生电动势和电流，即旋转磁场与转子存在相对转速，并与磁场相互作用产生电磁转矩，使转子转动运行。

三相异步电机的基本结构：三相异步电动机主要有由定子、转子、轴承、出线盒组成。定子主要由铁芯、三相绕组、机座、端盖组成。转子主要由输出轴、转子铁芯、转子绕组组成（图2-12）。

电动机的铭牌上标示着电动机在正常运行时的额定数据。三相异步电动机铭牌如图2-13所示。

①型号：表示电动机系列品种、性能、防护结构形式、转子类型等产品代号。

②额定功率：指电动机在额定运行情况下转轴输出的机械功率，单位为kW。

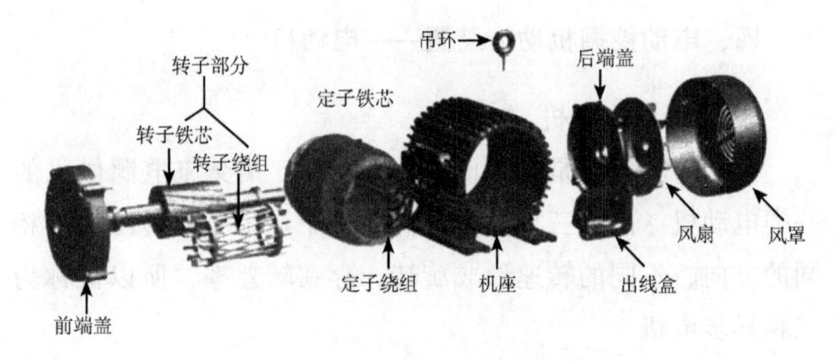

图 2-12　三相异步电机的基本结构

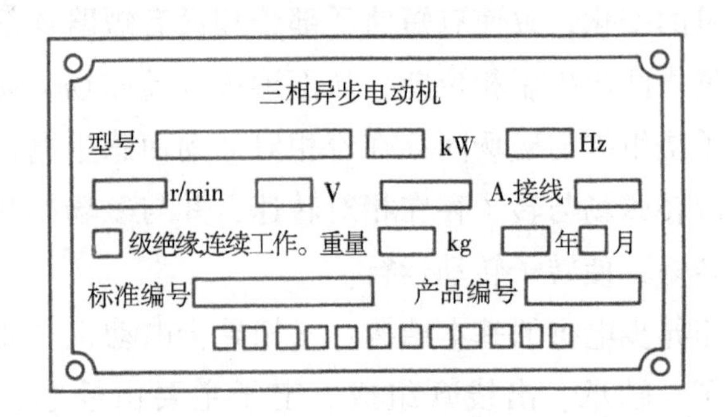
三相异步电动机

型号 □ □ kW □ Hz

□ r/min □ V □ A,接线 □

□ 级绝缘,连续工作。重量 □ kg □ 年 □ 月

标准编号 □ 产品编号 □

□□□□□□□□□□□□□

图 2-13　电动机铭牌示例

③额定电压：指电动机正常工作情况下加在定子绕组上的线电压，单位为 V。

④额定电流：指电动机额定电压下额定输出时定子电路的线电流，单位为 A。

⑤接法：指电动机定子三相绕组的连接方法，一般有 Y 形（星形）和△形（三角形）两种接法。视电源额定电压

情况而定。

⑥额定频率：指电动机所接电源的频率，我国电网额定频率为50Hz。

⑦额定转速：指电动机在额定电压、额定频率和额定输出功率的情况下转子的转速，单位为r/min。

⑧定额：指电动机运行允许工作的持续时间。分为“连续”“短时”和“断续”3种工作制。“连续”表示可以按照铭牌中各项额定值连续运行。“短时”只能按铭牌规定的工作时间作短时运行。“断续”则表示可作重复周期性断续使用。

⑨绝缘等级：指电动机所采用的绝缘材料按它的耐热程度规定的等级。由绝缘材料的级别及其最高允许温度等因素决定绝缘等级的高低。

2. 变频电机简介

变频调速电机，是变频器驱动型电动机的统称，简称变频电机。电机可以在变频器的驱动下实现不同的转速与扭矩，即可以根据工作需要，通过改变电机的频率来达到所需要的转速要求以适应负载的动态变化。变频电动机由传统的鼠笼式电动机发展而来，把传统的电机风机改为独立出来的风机，提高了电机绕组的绝缘性能。

（1）变频器工作原理

三相异步电动机的用电功率在拖动负载时需从电源获得能量，该能量值的大小由负载的大小和变化从而通过变频技术实现所决定。若欲减小功率，除了降低拖动负载以外，还可以通过使用变频技术来改变电源频率，降低电机的输出功率。

（2）变频电动机应用场合

①工作频率大于50Hz时（甚至高达200~400Hz，在相应转速下工作，一般电动机不能胜任其机械离心力）。

②工作频率小于10~20Hz，长期重负载工作时（因通风量减少，一般电动机会产生过热，电动机绝缘受损）。

③调速比$D=N_{max}/N_{min}$较大（如$D\geqslant 10$）或频率变化频繁的工作条件下。

（3）变频电动机的主要特点

①散热风扇由独立的恒速电动机带动，与转子的转速无关，风量为定值。

②机械强度设计可确保在最高速使用时安全可靠。

③磁路设计适合最高和最低使用频率的要求。

④高温条件下的绝缘强度设计比一般电动机有更高的要求。

⑤高速时产生噪声、振动、损耗等都不大。

⑥价格比一般电动机高1.5~2倍。

⑦节能效果好，能耗大约是普通电机的70%。

3. 防爆电机简介

在一些具有爆炸危险的场所，当气体或粉尘遭遇点火源或高温，就会发生燃烧或爆炸。而电机在运行中，可能会发生电弧或电火花（属于强点火源），此时若遇到爆炸性的粉尘或气体，就可能发生爆炸。

防爆型电动挖掘机常应用于煤矿、金属矿、非金属矿、煤矿矿井下，进行巷道出渣、井下装车、隧道掘进等有易燃易爆气体的场所作业。隧道中往往空气流通不畅、粉尘弥漫，有害气体瓦斯（甲烷）浓度在局部较高，属于爆炸危险的场所。

防爆型电动挖掘机所使用的电机一般是隔爆型电机，其防爆原理是：将电机的带电部件放在特制的外壳内，该外壳具有将壳内电气部件产生的火花和电弧与壳外爆炸性混合物隔离开的作用，并能承受进入壳内的爆炸性混合物被壳内电气设备的火花、电弧引爆时所产生的爆炸压力，而外壳不被破坏；同时能防止壳内爆炸生成物向壳外爆炸性混合物传爆，不会引起壳外爆炸性混合物燃烧和爆炸。这种特殊的外壳叫“隔爆外壳”。具有隔爆外壳的电机称为“隔爆型电机”。隔爆型电机的标志为“d”，为了实现隔爆外壳耐爆和隔爆性能，对隔爆外壳的形状、材质、容积、结构等均有特殊的要求。

第三节　车架结构与行走机构

一、车架结构

车架（也称底盘）是液压挖掘机的基本支撑部件，挖掘机的车架分为上车架和下车架。上车架安装动力系统、液压泵和部分主要液压件、驾驶室、工作装置等部件；下车架也称为行走支架（一般为 H 型或 X 型），用来安装旋转和行走机构的各零部件。上车架和下车架在结构上通过回转支撑部件连接，通过回转机构实现相对转动。

回转支撑与回转机构：回转支撑按结构形式分为转柱式和滚动轴承式两种。

回转支撑的外座圈用螺栓与上车架连接，带齿的内座圈与下车架用螺栓连接，内外圈之间设有滚动体。回转马达的壳体固定在上车架上，马达输出轴装有小齿轮，小齿轮与回转支撑内座圈上的齿圈相啮合。小齿轮旋转时即可驱动上车架对下车架进行回转。

二、行走机构

液压挖掘机的行走机构用于承受机器的全部重量和工作装置的反力，同时也用于机器的短途行驶。按照构造不同主要分为履带式和轮胎式两大类。

1. 履带式挖掘机行走机构

履带式挖掘机行走机构由履带和驱动轮、引导轮、支重轮、托轮以及张紧机构组成，履带式行走机构被俗称为“四轮一带”，它直接关系到挖掘机的工作性能和行走性能。

（1）履带

挖掘机的履带有整体式和组合式两种。目前液压挖掘机上广泛采用组合式履带。它由履带板、链轨节和履带销轴和销套等组成。左右链轨节与销套紧配合连接，履带销轴插入销套有一定的间隙，以便转动灵活，其两端与另两个轨节孔

配合。锁紧履带销与链轨节孔为动配合，便于整个履带的拆装。组合式履带的节距小，绕转性好，使挖掘机行走速度较快，销轴和硬度较高，耐磨，使用寿命长。

履带板有下列几种，根据不同的作业情况采用不同的履带板。

①单筋履带板：牵引力大，通常用于履带式拖拉机和推土机。

②双筋履带板：使机器转向方便，多用于装载机。

③半双筋履带板：牵引力和回转性能二者兼备。

④三筋履带板：强度和刚度较好，承载能力大，履带运动平顺，多用于液压挖掘机。

⑤雪地用：适于冰雪场所的作业。

⑥岩石用：带有防侧滑棱，适用于基石场地的作业。

⑦湿地用：履带板宽度加大，增大了接地面积。适用于沼泽地和软地基的作业。

⑧橡胶履带：保护路面、减少噪声。

（2）支重轮与托轮

支重轮将挖掘机的重量传给地面，挖掘机在不同地面上行驶时，支重轮经常承受地面的冲击，因此支重轮所受的载荷较大。支重轮一般分为双边支重轮和单边支重轮。托轮与支重轮的结构基本相同。

（3）引导轮

引导轮用来引导履带正确绕转，防止其跑偏和越轨。多数液压挖掘机的引导轮同时起到支重轮的作用，这样可增加履带对地面的接触面积，减小接地比压。引导轮的轮面制成光面，中间有挡肩环做为导向用，两侧的环面则支撑轨链。引导轮与最靠近的支重轮的距离愈小，则导向性愈好。

为了使引导轮充分发挥其作用并延长其使用寿命，其轮面对中心孔的径向跳动要≤3mm，安装时要正确对中。

(4) 驱动轮

液压挖掘机发动机的动力是通过行走马达和驱动轮传给履带的，因此驱动轮应与履带的链轨啮合正确、传动平稳，并且当履带因销套磨损伸长时仍能很好地啮合。驱动轮通常位于挖掘机行走装置的后部，使履带的张紧段较短，以减少其磨损和功率消耗，驱动轮按轮体构造可分为整体式和分体式两种。分体式驱动轮的轮齿被分为5~9片齿圈，这样部分轮齿磨损时不必卸下履带便可更换，在施工现场方便修理，降低了挖掘机维修工时成本。

发动机驱动液压泵输油，压力油经过控制阀、中央回转接头以后驱动安装在左、右履带架上的液压马达及减速机，进行行走或转向。通过驾驶室内的两根行走操纵杆可以对两个行走马达进行独立操纵。

(5) 张紧装置

液压挖掘机的履带式行走装置使用一段时间后，链轨销轴的磨损使节距增大，导致整个履带伸长，致使摩擦履带架、履带脱轨、行走装置噪声大等故障，从而影响挖掘机的行走性能。因此每条履带必须装张紧装置，使履带经常保持一定的张紧度。

（6）制动器

行走机构的制动器有常闭和常开两种形式。履带式液压挖掘机多采用常闭式。当行走操纵杆（或者踏板）置于中位时，液压挖掘机行走系统的液压回路断开，行走马达不工作，同时制动器依靠弹簧力紧闸起制动作用。当操作行走操纵杆（或者踏板）时，从行走系统液压回路分流的压力油松闸，解除制动。

2. 轮胎式行走机构

轮胎式挖掘机的行走机构有机械传动和液压传动两种。其中的液压传动的轮胎式挖掘机的行走机构主要由车架、前桥、后桥、传动轴和液压马达等组成（图 2–14）。

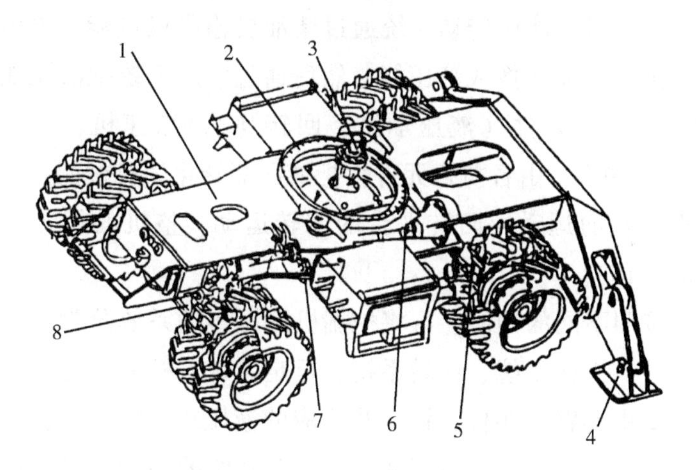

1–车架；2–回转支撑；3–中央回转接头；4–支腿；5–后桥；6–传动轴；7–液压马达及变速箱；8–前桥

图 2–14　轮胎式行走机构

行走液压马达安装在固定于机架的变速箱上，动力经变速箱、传动轴传给前后驱动桥，有的挖掘机经轮边减速器驱动车轮。采用液压马达的高速传动方式使用可靠，省掉了机械传动中的上下传动箱垂直动轴，结构简单、布置方便。

第四节　液压传动系统

挖掘机的液压传动系统按照挖掘机工作装置和各个机构的传动要求，把各种液压元件用管路有机地连接起来就组成一个液压系统。它以油液为工作介质、利用液压泵将液压能转变为机械能，进而实现挖掘机的各种动作。

挖掘机的液压传动系统通过柴油机输出机械能，再由液压泵把机械能转换成液压能，然后通过液压系统把液压能分配到各执行元件（液压油缸、回转马达+减速机、行走马达+减速机），由各执行元件再把液压能转化为机械能，实现工作装置的运动、回转平台的回转运动、整机的行走运动（图 2-15）。

按照不同的功能，可将挖掘机液压传动系统分为 3 个基本部分：工作系统、回转系统、行走系统。挖掘机的工作系统主要由动臂、斗杆、铲斗及相应的液压缸组成，它包括动臂、斗杆、铲斗 3 个液压回路。回转系统的功能是将工作装置和上部转台向左或向右回转，以便进行挖掘和卸料，完成该动作的液压元件是回转马达。行走系统所用的液压元件主要是行走马达。

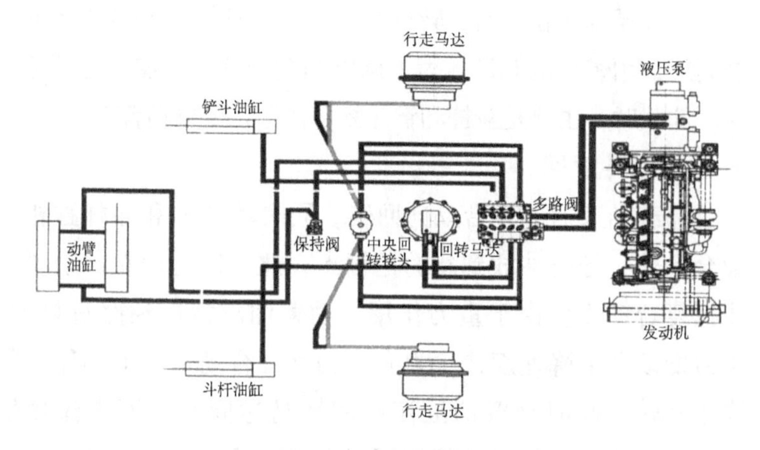

图 2-15　油路连通

一、基本动作与动力传输路线

1. 挖掘

通常以铲斗液压缸或斗杆液压缸分别进行单独挖掘，或者两者配合进行挖掘。在挖掘过程中主要是铲斗和斗杆有复合动作，必要时配以动臂动作。

2. 满斗举升回转

挖掘结束后，动臂缸将动臂顶起、满斗提升，同时回转液压马达使转台转向卸土处，此时主要是动臂和回转的复合动作。由于卸载所需回转角度不同，随挖掘机相对自卸车的位置而变，因此动臂举升速度和回转速度相对关系应该是可调整的，若卸载回转角度大，则要求回转速度快些，而动臂举升速度慢些。

3. 卸载

回转至卸土位置时，转台制动，用斗杆调节卸载半径和卸载高度，用铲斗缸卸载。为了调整卸载位置，还需动臂配合动作。卸载时，主要是斗杆和铲斗复合作用，兼以动臂动作。

4. 空斗返回

卸载结束后，转台反向回转，同时动臂缸和斗杆缸相互配合动作，把空斗放到新的挖掘点，此工况是回转、动臂和斗杆复合动作。由于重力作用，动臂油缸液压油路流量大、压力低动臂下降速度快，为完成相互配合动作，上车体必须快速回转。此时动臂油缸液和回转马达同时需要大流量供油，因此该工况的供油情况通常是一个泵全部流量供回转，另一泵大部分油供动臂，少部分油经节流供斗杆。

5. 挖掘机各运动部件的动力传输路线

（1）行走动力传输路线

柴油机⟶联轴节⟶液压泵（机械能转化为液压能）⟶分配阀⟶中央回转接头⟶行走马达（液压能转化为机械能）⟶减速箱⟶驱动轮⟶轨链履带⟶实现行走

（2）回转运动传输路线

柴油机⟶联轴节⟶液压泵（机械能转化为液压能）⟶分配阀⟶回转马达（液压能转化为机械能）⟶减速箱⟶回转支承⟶实现回转

（3）动臂运动传输路线

柴油机⟶联轴节⟶液压泵（机械能转化为液压

能）——→分配阀——→动臂油缸（液压能转化为机械能）——→实现动臂运动

（4）斗杆运动传输路线

柴油机——→联轴节——→液压泵（机械能转化为液压能）——→分配阀——→斗杆油缸（液压能转化为机械能）——→实现斗杆运动

（5）铲斗运动传输路线

柴油机——→联轴节——→液压泵（机械能转化为液压能）——→分配阀——→铲斗油缸（液压能转化为机械能）——→实现铲斗运动

二、基本液压回路分析

基本回路是由一个或几个液压元件组成、能够完成特定的单一功能的典型回路，它是液压系统的组成单元。液压挖掘机液压系统中基本回路有限压回路、卸荷回路、缓冲回路、节流回路、行走回路、合流回路、再生回路、闭锁回路、操纵回路等。

1. 限压回路

限压回路用来限制压力，使其不超过某一调定值。限压的目的有两个：一是限制系统的最大压力，使系统和元件不因过载而损坏，通常用安全阀来实现，安全阀设置在主油泵出油口附近；二是根据工作需要，使系统中某部分压力保持定值或不超过某值，通常用溢流阀实现，溢流阀可使系统根据调定压力工作，多余的流量通过此阀流回油箱，因此溢流阀是常开的。

液压挖掘机执行元件的进油和回油路上常成对地并联有限压阀，限制液压缸、液压马达在闭锁状态下的最大闭锁压力，超过此压力时限压阀打开、卸载保护了液压元件和管路免受损坏，这种限压阀实际上起了卸荷阀的作用。维持正常工作，动臂液压缸虽然处于“不工作状态”，但必须具有足够的闭锁力来防止活塞杆的伸出或缩回，因此须在动臂液压缸的进出油路上各装有限压阀，当闭锁压力大于限压阀调定值时，限压阀打开，使油液流回油箱。限压阀的调定压力与液压系统的压力无关，且调定压力愈高，闭锁压力愈大，对挖掘机作业愈有利，但过高的调定压力会影响液压元件的强度和液压管路的安全。通常高压系统限压阀的压力调定不超过系统压力的25%，中高压系统可以调至25%以上。

2. 缓冲回路

液压挖掘机满斗回转时，由于上车转动惯量很大，在启动、制动和突然换向时会引起很大的液压冲击，尤其是回转过程中遇到障碍突然停车。液压冲击会使整个液压系统和元件产生振动和噪音，甚至破坏。挖掘机回转机构的缓冲回路就是利用缓冲阀等使液压马达高压腔的油液超过一定压力时获得出路。

当回转操纵阀回中位产生液压制动作用时，挖掘机上部回转体的惯性动能将转换成液压位能，接着位能又转换为动能，使上部回转体产生反弹运动来回振动，使回转齿圈和油马达小齿轮之间产生冲击、振动和噪声，同时铲斗来回晃

动，致使铲斗中的土洒落，因此挖掘机的回转油路中一般装设防反弹阀。

3. 节流调速回路

节流调速是利用节流阀的可变通流截面改变流量而实现调速，通常用于定量系统中改变执行元件的流量。这种调速方式结构简单，能够获得稳定的低速，缺点是功率损失大、效率低、温升大、系统易发热，作业速度受负载变化的影响较大。根据节流阀的安装位置，节流调速有进油节流调速和回油节流调速两种。

为了作业安全，液压挖掘机常在液压缸的回油回路上安装单向节流阀，形成节流限速回路。为了防止动臂因自重降落速度太快而发生危险，其液压缸大腔的油路上安装由单向阀和节流阀组成的单向节流阀。此外，斗杆液压缸、铲斗液压缸在相应油路上也装有单向节流阀。

4. 行走限速回路

履带式液压挖掘机下坡行驶时因自重加速，可能导致超速溜坡事故，且行走马达易发生吸空现象甚至损坏。因此应对行走马达限速和补油，使行走马达转速控制在允许范围内。

行走限速回路是利用限速阀控制通道大小，以限制行走马达速度。比较简单的限速方法是使回油通过限速节流阀，挖掘机一旦行走超速，进油供应不及，压力降低，控制油压力也随之降低，限速节流阀的通道减小，回油节流，从而防止了挖掘机超速溜坡事故的发生。

履带式液压挖掘机行走马达常用的限速补油回路由压力阀、单向阀和安全阀等组成。正常工作时换向阀处于右位，压力油经单向阀进入行走马达，同时沿控制油路推动压力阀，使其处于接通位置，行走马达的回油经压力阀流回油箱。当行走马达超速运转时，进油供应不足，控制油路压力降低，压力阀在弹簧的弹力作用下右移，回油通道关小或关闭，行走马达减速或制动，这样便保证了挖掘机下坡运行时的安全。

这种限速补油回路的回油管路上装有500~1 000kPa的背压阀，行走马达超速运转时若主油路压力低于此值，回油路上的油液推开单向阀对行走马达进油腔补油，以消除吸空现象。当高压油路中压力超过安全阀8或9的调定压力时，压力油经安全阀返回油箱。

此外为了实现工作装置、行走同时动作时的直线行驶，一般采用直行阀。在行驶过程中，当任一作业装置动作时，作业装置先导操纵油压就会作用在直行阀上，克服弹簧力，使直行阀处于上位。前泵并联供左右行走，后泵并联供回转、斗杆、铲斗和动臂动作，后泵还可通过单向阀和节流孔与前泵合流供给行走。

5. 合流回路

为了提高挖掘机工作效率、缩短作业循环时间，要求动臂提升、斗杆收放和铲斗转动有较快的作业速度，要求能双（多）泵合流供油，一般中小型挖掘机动臂液压缸和斗杆液压缸均能合流，大型挖掘机的铲斗液压缸也要求合流。目前

采用的合流方式有阀外合流、阀内合流及采用合流阀供油几种合流方式。

阀外合流的液压执行元件由两个阀杆供油，操纵油路联动打开两阀杆，压力油通过阀外管道连接合流供给液压作用元件，阀外合流操纵阀数量多，阀外管道和接头的数量也多，使用上不方便。阀内合流的油道在内部沟通，外面管路连接简单，但内部通道较复杂，阀杆直径的设计要综合平衡考虑各种分合流供油情况下通过的流量。合流阀合流是通过操纵合流阀实现油泵的合流，合流阀的结构简单，操纵也很方便。

6. 闭锁回路

动臂操纵阀在中位时油缸口闭锁，由于滑阀的密封性不好会产生泄露，动臂在重力作用下会产生下沉，特别是挖掘机在进行起重作业时要求停留在一定的位置上保持不下降，因此设置了动臂支持阀组。如图 2-16 所示，二位二通阀在弹簧力的作用下处于关闭位置，此时动臂油缸下腔压力油通

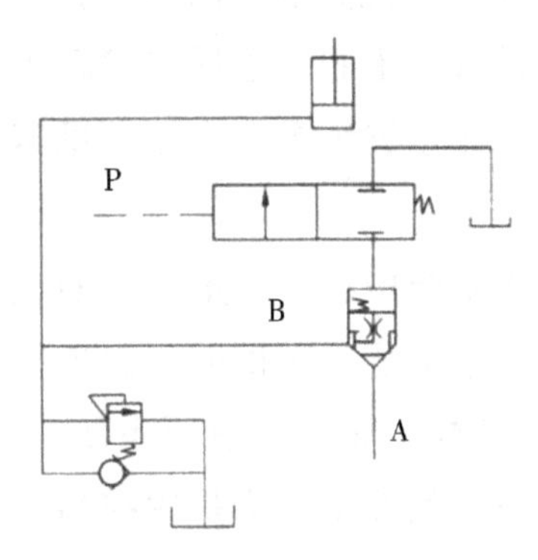

图 2-16　闭锁回路

过阀芯内钻孔通向插装阀上端，将插装阀压紧在阀座上，阻止油缸下腔的油从B至A，起闭锁支撑作用。当操纵动臂下降时，在先导操纵油压P作用下二位二通阀处于相通位置，动臂油缸下腔压力油通过阀芯钻孔油道经二位二通阀回油，由于阀芯内钻孔油道节流孔的节流作用，使插装阀上下腔产生压差，在压差作用下克服弹簧力，将插装阀打开，压力油从B至A。

7. 再生回路

动臂下降时，由于重力作用会使降落速度太快而发生危险，动臂缸上腔可能产生吸空，有的挖掘机在动臂油缸下腔回路上装有单向阀和节流阀组成的单向节流阀，使动臂下降速度受节流限制，但这将引起动臂下降慢，影响作业效率。目前挖掘机采用再生回路，动臂下降时，油泵的油经单向阀通过动臂操纵阀进入动臂油缸上腔，从动臂油缸下腔排除的油需经节流孔回油箱，提高了回油压力，使得液压油能通过补油单向阀供给动臂缸上腔。这样当发动机在低转速和泵的流量较低时，能防止动臂因重力作用下迅速下降而使动臂缸上腔产生吸空。

在挖掘机液压系统中，不论是简单的或者是复杂的，其液压系统总是由一些液压基本回路所组成，每一种回路主要是用来完成某种基本功能。在液压系统中，工作装置的运动、停止及运动方向的改变，都是用控制进入工作装置油缸的液流方向的改变而改变的。因此，熟悉和掌握这些液压基本回路的工作原理、组成的特点，有助于我们分析和排除液

压系统发生的故障，对于合理使用，正确维护保养均具有现实意义。

8. 换向回路

换向回路是指用来实现变换执行机构运动方向的回路。液压系统工作机构的换向大部分是由换向阀（方向阀）来完成的。图 2-17 所示的是采用二位四通换向阀的换向回路。

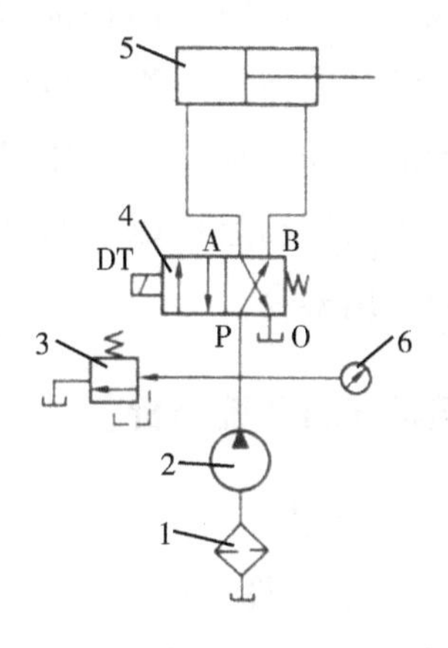

1-过滤器；2-液压油泵；3-溢流阀；4-换向阀；5-液压油缸；6-压力表

图 2-17　换向回路

当换向阀 4 的电磁铁 DT 通电时，电磁吸力大于弹簧力，换向阀芯右移，左位接入液压系统，油泵 2 输出的油液经换向阀 P→A 进入液压油缸 5 的左腔，活塞向右运动，油腔的油液经换向阀 B→O 回到油箱。

当换向阀的电磁铁断电时，在弹簧力作用下，滑阀复位（如图示位置），油液经换向阀 P→B 进入油缸右腔，左腔油液由 A→O 回到油箱，此时活塞向左运动。

由此可见，随着换向阀电磁铁的通电与断电，相应地使液压油缸活塞的运动方向得到改变，实现了工作机构换向的功能。溢流阀 3 的主要作用是调节整个油路的压力。

9. 卸荷回路

在用定量泵供油的液压系统中，当执行机构不工作时，应使油泵处于卸载状态，此时的回路称为卸荷回路。即油泵以最小输出功率运转。在液压工程机械中，较多地属于短暂反复的周期性运动的工作机械，当工作机构停止运动后，卸荷回路尤为重要。因为卸荷后可以节约动力消耗，减少系统发热，延长油泵的使用寿命。

三、小型挖掘机液压系统分析

1. 液压系统工作原理

液压系统工作原理见图 2－18。发动机或电动机启动，当先导控制阀组Ⅲ不工作时，液压泵 17、18 提供的压力油分别通过多路换向阀组Ⅰ、Ⅱ以及限速阀 7 返回油箱。齿轮泵 22 为先导控制油路供压，压力过大时则压力油通过溢流阀流回油箱。

先导控制阀 26、27 中的电磁铁 6Y、7Y 同时通电，来自齿轮泵 22 的压力油控制多路换向阀组Ⅱ中的 10、13 换向阀，液压挖掘机左右行走马达开始工作，使挖掘机移动到工作位置（先导控制阀 26、27 单独控制时液压挖掘机单侧行走）。

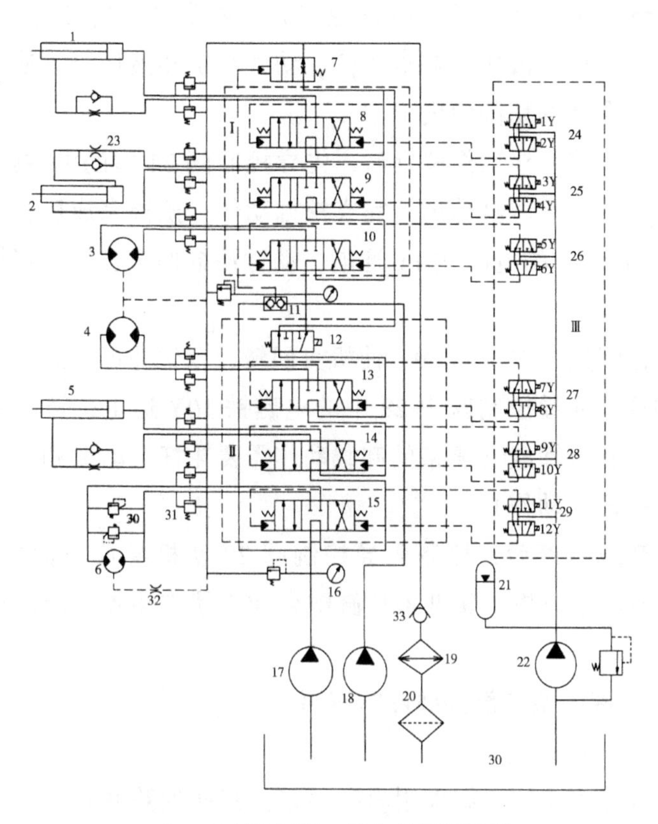

Ⅰ、Ⅱ多路阀组　Ⅲ先导控制阀组

1-斗杆液压缸；2-动臂液压缸；3、4-左右行走马达；5-铲斗液压缸；6-回转马达；7-限速阀；8、9、10-多路阀组；11-梭阀；12 合流阀；13、14、15-换向阀；16-压力表；17、18-液压泵；19-冷却器；20-滤油器；21-蓄能器；22-齿轮泵；23-节流阀；24、25、26、27、28、29-先导控制阀；30-溢流阀；31-卸荷阀；32-节流阀；33-单向阀

图 2-18　小型挖掘机液压原理

到达工作地点后，通过控制先导控制阀24、25、28中的电磁铁调整液压挖掘机斗杆、动臂和铲斗液压缸，使铲斗调整到合适的切削角度。

调整好铲斗工作位置后，先导控制阀24中的电磁铁1Y通电，斗杆液压缸伸出，完成挖掘动作。挖掘完成后，先导控制阀25中的电磁铁4Y通电，动臂油缸伸出，使动臂提升到指定位置。

控制先导控制阀29，使机身回转，令铲斗回转到指定卸载位置。先导控制阀中28中的电磁铁10Y通电，铲斗油缸收回，完成卸载（复杂的卸载动作需要斗杆、动臂和铲斗液压缸的复合动作）。

卸载结束后，控制先导控制阀29使机身反方向回转。同时斗杆、动臂、铲斗液压缸配合动作使空斗置于新的挖掘位置。

2. 液压系统部分部件的作用

（1）限速阀

两组多路换向阀采用串联油路，其回油路并联。油液经过限速阀7流回油箱。限速阀7的液控作用是由梭阀11提供的17、18两液压泵的最大压力。当挖掘机下坡行走出现超速情况时，液压泵出口压力降低，限速阀7自动对回油路进行节流，防止溜坡现象，保证液压挖掘机安全。

（2）合流阀

多路换向阀组Ⅱ不工作时候通过合流阀，液压泵17输出的压力油经过合流阀进入多路换向阀芯。以加快动臂或斗

杆的移动速度。

（3）蓄能器

保持先导油路油压稳定和熄火后提供油压还能完成几个动作的控制。

（4）节流阀

防止动臂、斗杆、和铲斗发生因重力超速现象，起限速作用。

（5）缓冲阀

用于缓冲惯性负载所引起的压力冲击。

（6）节流阀

进入回转马达 6 内部和壳体内的液压油温度不同，会造成液压马达各零件热膨胀程度不同，引起密封滑动面卡死的热冲击现象。为此，在液压马达壳体上设有两个油口，一个油口直接接回油箱，另一个油口经节流阀 32 与有背压回路（背压单向阀 33）相通，使部分回油进入壳体。由于液压马达壳体内经常有循环油流过，带走热量，因此可以防止热冲击的发生。此外，循环油还能冲洗壳体内磨损物。

第五节　执行机构

铰接式是反铲式单斗液压挖掘机最常用的结构形式，动臂、斗杆和铲斗等主要部件彼此铰接。

一、动臂

动臂是反铲的主要部件，其结构有整体式和组合式两种。

1. 整体式动臂

整体式动臂的优点是结构简单，质量轻而刚度大。其缺点是更换的工作装置少，通用性较差，多用于长期作业条件相似的挖掘机上。整体式动臂又可分为直动臂和弯曲动臂两种。其中的直动臂结构简单、质量轻、制造方便，主要用于悬挂式挖掘机，但它不能使挖掘机获得较大的挖掘深度，不适用于通用挖掘机；弯动臂是目前应用最广泛的结构形式，与通常所见的直动臂相比，可使挖掘机有较大的挖掘深度，但降低了卸土高度，这正符合挖掘机反铲作业的要求。

2. 组合式动臂

组合式动臂由辅助连杆（或液压缸）或螺栓连接而成。上下动臂之间的夹角可用辅助连杆或液压缸来调节，虽然结构和操作复杂，但在挖掘机作业中可随时大幅度调整上下动臂者间的夹角，从而提高挖掘机的作业性能，尤其是用反铲或抓斗挖掘窄而深基坑时，容易得到较大距离的垂直挖掘轨迹，提高挖掘质量和生产率。组合式动臂的优点是，可以根据作业条件随意调整挖掘机的作业尺寸和挖掘能力，且调整时间短。此外它的互换工作装置多，可以满足各种作业的需要，装车运输方便。其缺点是质量大，制造成本高，常用在中小型挖掘机上。

工作装置是液压挖掘机的主要组成部分，由于工作内容不同，种类也很多，常用的有反铲、正铲、起重等类型，而且同一类型的装置也包括多种结构形式。工作装置由相对应的油缸或马达驱动，通过操作驾驶室内的操纵杆和踏板，对各个部件，如（动臂、斗杆、铲斗）等进行控制。

二、反铲装置

反铲装置是中小型液压挖掘机的主要工作装置。反铲装置由动臂、斗杆、铲斗以及动臂油缸、斗杆油缸、铲斗油缸和连杆机构等组成。其构造特点是各部件之间均采用铰接方式，通过油缸的伸缩来完成挖掘过程中的各个动作。

铲斗的结构形式和参数的合理选择对挖掘机作业效果的影响很大。铲斗的作业对象繁多，作业条件也不同，使用同一铲斗来适应任何作业对象和条件是很困难的。为了满足各种情况，尽可能提高作业效率，可采用结构形式各异的铲斗。

标准铲斗：适用于普通挖掘。

梯形铲斗：使用于挖掘成形沟。

排土（推顶式）铲斗：带有强制卸土的推顶装置，适用于挖掘黏土。

平坡铲斗：适用于坡面的平整，压实作业。

松土斗：中齿特别突出，适用于挖掘硬土和拔出树根等作业。

松土装置：适用于开挖有大裂纹的岩石和冻土，也可用于破坏沥青路面和掘起路缘石。

三、抓斗装置

抓斗装置主要用于装卸物料，以及挖掘沟槽基坑尤其是深井。抓斗按照传动方式不同可以分为液压抓斗和钢绳抓斗两大类。液压挖掘机上一般采用液压抓斗。

四、正铲装置

正铲装置的组成和挖掘原理与反铲类似，不同点主要在于挖掘方向相反，并由此导致各油缸工作方向的改变。此外，正铲装置主要用于挖掘停机面以上的土壤和经爆破的矿石等。工作时，铲斗一边向前推，一边提升。

五、破碎器

破碎器俗称拆除啄木鸟。挖掘机液压破碎器（锤）是利用液压能转化为机械能，对外做功的一种工作装置，它主要用于打桩、开挖冻土层和岩层。作业工具可更换，如凿子、扁铲、镐等。锤的撞击部分在双作用液压缸作用下，在壳体内作往复直线运动。液压破碎器通过附加的中间支撑与斗杆连接。为了减轻振动，在锤的壳体和支座的连接处常设有橡胶连接装置。

液压破碎器结构经过近 40 年的发展，其规格和功率都大量增加，可靠性和工作效率也明显提高。其中最大的技术进步是“智能型液压破碎器”的诞生，其特点是能根据岩石的阻力自动调节输出功率，当岩石被击穿时，自动切断功率

输出，避免空打、损坏工具和固定销。

第六节　电控系统

液压挖掘机电气控制系统主要是对发动机、电动机、液压泵、多路换向阀和执行元件（液压缸、液压马达）的一些温度、压力、速度、开关量进行检测并将有关检测数据输入给挖掘机的专用控制器，控制器综合各种测量值、设定值和操作信号并发出相关控制信息，对发动机、液压泵、液压控制阀和整机进行控制。

本节以某型电动挖掘机的电控系统为例（图 2-19）来讲述挖掘机的电控系统基本知识。

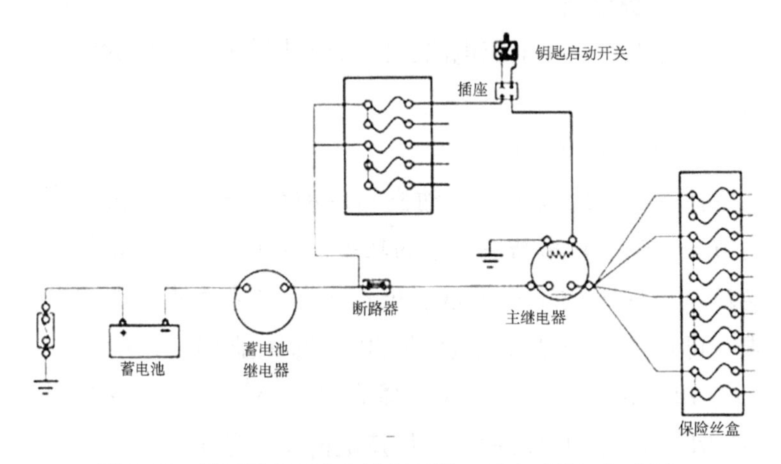

图 2-19　液压挖掘机电气控制系统（以电动挖掘机为例）

1. 电气控制系统的功能

（1）控制功能

负责对发动机或电动机、液压泵、液压控制阀和整机的复合控制。

（2）检测和保护功能

通过一系列的传感器、油压开关、熔断器和显示屏等对挖掘机的发动机、液压系统、气压系统和工作状态进行检测和保护。

（3）照明功能

主要有司机室厢灯、工作装置作业灯及检修灯。

（4）其他功能

主要有刮雨器、喷水器、空调器和收放音机等。

2. 电源电路

电源电路为小电流电路，由蓄电池供电，主要为电器元器件供电。

3. 电动机控制电路

控制电路用以实现电动机的启动/停止、电动机速度的调节、电动机功率与液压泵的功率的匹配，满足电动机在不同环境条件下的工作需求。根据电机铭牌及使用说明书要求，可选择电压 380V、频率 50Hz 的工业用电，电路选为“Y”星形接法。启动方式选择为“Y/Δ”启动，这样可有效减小启动时的电流冲击，保持电网相对稳定。

4. 辅助电路

辅助电路主要控制部件包括车前灯，驾驶室灯，空调，

雨刷，收音机，喇叭。

5. 充电电路

主要是负责向所有用电设备供电。同时为蓄电池充电。蓄电池为DC24V，采用单线制接法，即机械上所有电气设备的正极相连，而把负极与机身相连，电器设备之间为并联。例如喇叭充电线路。

6. 电子电路系统

电子电路系统的主要控制对象是挖掘机液压系统中的各电磁阀，继电器，传感器，报警器等。通过主控制器发出信号，使相应的元器件动作，引起液压系统油路的改变，从而达到相应的电动机功率变化，实现挖掘机行走、回转等目的。

（1）行走回转控制

电子电路行走与回转都是通过控制相应的电磁阀，改变油路走向，使行走马达和回转马达动作，驱动相应的液压缸运动，二者具有相似性。

（2）主泵控制系统

主要作用是通过传感器采集电动机转速、负载等数据，通过处理器综合分析发出控制信号，引起相应控制元件动作，从而改变液压油路，使执行机构动作，实现回转、行走、动作等。

小型电动挖掘机一般没有专门的先导油泵，而是利用自压减压阀将来自主泵的压力油降压转化为先导油，作用于电磁阀和比例压力控制阀（简称PPC阀）。来控制全车的液压系统，因而此处的自压减压阀类似于先导泵。

第三章　挖掘机的安全驾驶

第一节　挖掘机的安全驾驶规则与流程

一、挖掘机的安全驾驶规则

（一）操作人员守则

1. 上机操作常规

①操作人员必须经专业技术培训考核合格，业主录用并经综合培训和主管授权后方可上车独立操作。司机应熟知挖掘机的机械原理、保养规则、安全操作规程，并要按规定严格执行。

②严禁酒后或身体有不适应症、职业健康条件不足、从业准入要件不全时进行操作。

③操作人员在操作或检修之前必须穿戴紧身合适的工作服、安全帽、工作皮鞋，及其他相关的安全防护用品（如防护耳塞、手套、防护眼镜、安全带等）。

④操作人员只遵守主管指令和指挥员统一作业指挥信号，有权拒绝危险作业、非授权作业、与施工方案工作内容

无关的机械动作操控及其他非职责内容、非安全的动作或作业配合等。

2. 六项安全常规

①操作人员在操作该机械前，应确保已经熟悉并理解了挖掘机上的标志和标牌的内容及含义。

②操作时无关人员应远离工作区域，不要改造和拆除机械的任何零件（除非有维修需要）。

③操作人员绝不可以服用麻醉类药物或酒精，这样会降低或影响身体的灵敏度和协调性；服用处方或非处方药物的操作人员是否能够安全操作机器，需要有医生的建议。

④为了保护操作人员和周围的人员安全，机械应装备落物保护装置、前挡、护板等安全设备，保证每个设备均固定到位，且处于良好的工作状态。

⑤取土、卸土不得有障碍物，装车作业时应待运输车辆停稳后进行，严禁铲斗从汽车驾驶室顶上越过，运土汽车车厢内不得有人，卸土时铲斗应尽量放低，但不得撞击运土汽车任何部位。

⑥驾驶司机离开操作位置，不论时间长短，必须将铲斗落地并关闭发动机。

（二）设备保护守则

①不允许通过不正确的操作或改动机器结构来改变机器原有的工作参数。

②作业时，必须待机身停稳后再挖土，铲斗未离开作业面时，不得做回转行走等动作，机身回转或铲斗承载时不得

起落吊臂。

③行走时臂杆应与履带平行，并制动回转机构。铲斗离地面高度宜为1m。行走坡度不得超过机械允许最大坡度，下坡用慢速行驶，严禁空挡滑行。转弯不应过急，通过松软地时应进行铺垫加固。

二、挖掘机的安全驾驶流程

（一）上机程序与安全检查流程

1. 了解挖掘机、动作规则和安全防护规程，了解挖掘机性能和规格

（1）了解规则

①不准在机械上载人。

②了解机械的性能和操作特点。

③不要改造和拆除机械的任何零件（除非为了维修需要）。

④操作机械时不要让无关人员靠近，让旁观者或无关人员远离工作区域。

⑤无论何时离开机械，一定要把铲斗或其他附件放到地上，关闭液压锁定手柄，关闭发动机，通过操纵手柄释放残余液压压力，然后取下钥匙。

（2）了解机械

①操作机械之前，先阅读操作手册、安全手册。

②能够操作机械上所有的设备：了解所有控制系统、仪表和指示灯的作用；了解额定装载量、速度范围、刹车和转

向特性，转弯半径和操作空间高度；记住雨、雪、冰、碎石和软土面等会改变机械的工作能力。

③准备启动机械之前请再一次阅读并理解制造商的操作手册。如果机械装备了专用的工作装置，请在使用前阅读制造商提供的工作装置使用手册和安全手册。

2. 了解作业防护与劳动保护

①穿戴好工作条件所要求的工作服并配备安全用品。

②佩戴好所需要的装备和雇主、公用设施管理部门或政府以及法规所要求的其他安全设备，不要碰运气，增加不必要的危险。

③在作业现场任何时间（包括思考问题时）都要戴上安全帽，遵守安全规程。

④知道在哪里能够得到援助，了解怎样使用急救箱和灭火器或灭火系统。

⑤认真学习安全培训课程，没有经过培训不准操作设备。

⑥操作失误是由许多因素引起的，如粗心、疲劳、超负荷工作、分神等，操作人员绝不可以服用麻醉类药物或酒精，机械的损坏能够在短期内修复，可是人身伤害的影响是长久的。

⑦操作员必须是有资格的、得到批准的。有资格是指必须懂得由制造商提供的书面说明，经过培训，考核合格实际操作过机器并了解安全法规。

⑧大多数机械的供应商都提供设备的操作和保养规则。

在一个新地点开始工作之前，向领导或安全协调员询问应该遵循哪些规则，并同他们一起检查机器，保持警惕，尽力避免事故的发生。

3. 了解工地交通规则

保障挖掘机自身安全装置处于良好的工作状态，充分理解标志，如喇叭、口哨、警报、铃声信号的含义。知道转向灯光、转弯信号、闪光信号和喇叭的使用规则。

为了保护操作员和周围的人，机械可以装备下列安全设备。

- 落物保护装置
- 前挡
- 灯
- 安全标志
- 喇叭
- 护板
- 行走警报
- 后视镜
- 灭火器
- 急救箱
- 雨刷

要确保以上所有装置的良好工作状态，且禁止取下或断开任何安全的装置，遵守其安全操作规则。

4. 了解设备工作性能状态

在开始工作之前，应检查机械，使所有系统处在良好的

操作状态下。要在纠正所有遗漏和错误后，再操作机械。要详细了解设备的工作性能状态，务必遵守设备检查的正确程序，检查以下几项内容。

①检查是否存在断裂、丢失、松动或损坏的零件，进行必要的修理。

②检查轮胎上的缺口、磨损、膨胀程度和正确的轮胎压力。更换极度磨损或损坏的轮胎。

③检查履带上是否有断裂或破损的销轴或履带板。

④检查停车和回转制动器是否正常工作。

⑤检查冷却系统。

⑥检查各操纵装置是否灵敏、有效、可靠。

5. 熟悉工作场地

重点了解以下情况。

①是否有斜坡，位置在何处。

②是否有敞开的沟渠，位置在何处。

③是否有落物或倾翻的可能。

④土质是松软还是坚硬。

⑤是否有水坑和沼泽地，位置在何处。

⑥是否有大块石头和突起，位置在何处。

⑦是否有掩埋的地基、底脚或墙的痕迹。

⑧是否有掩埋的垃圾或废渣。

⑨拖运路线上是否有坑、障碍物、泥或水。

⑩交通路况。

⑪是否有浓烟、尘土、雾。

⑫是否有埋于地下和架在上空的电线、煤气、水管道或线路。如果必要的话，在开始工作之前，请这些设施公司标明，关闭或者重新安置这些管道或线路。

(二) 机械操控流程

1. 进行作业前的检查

在每天或每班启动机械前，应对机械进行检查，确保没有安全隐患和故障隐患，确保机械顺利作业。

2. 安全上下机器

在上下机器时，始终使用机械上的扶手和脚踏板，保持身体和机械的三点接触：两手抓紧扶手，一脚踩踏板；或一手抓牢扶手，两脚踩踏板。为确保安全，绝对禁止跳上跳下机器。

3. 座椅调整

为保证安全作业，操作人员应先调好座椅的舒适位置。座椅应该调整至当操作人员背靠在椅背时，仍能将行走踏板踩到底，并正确地操作各操纵杆。

4. 系好安全带

操作人员在操作机械前务必系好安全带，并应检查安全带及其相关部件是否损伤或磨损，以确保其能确实发挥作用。一般情况下，应每三年更换 1 次安全带。

5. 只在操作席上操作机械

操作人员不可站在地上或站在履带板上操作机械。

6. 避免搭载成员

挖掘机的驾驶室内只配备了一个座椅，只允许操作人员

一人进行操作。不得搭载其他人员，以防造成伤害事故，同时，无关成员也会阻挡操作人员视线，导致不安全操作。

对于教学型等特殊用途的定制型挖掘机，因其专门设计有教练指导席，故应遵守其使用说明书及安全告知等特殊规定。因其挖掘机学员为不熟悉设备和安全作业操作的特殊群体，故教学培训机构和教练员、实训场所安全员等应严格按照教学实操安全要求，落实防护、现场警戒、提醒、教练具体指导机等所有安全告知事项。

第二节　操作杆的功能与控制

挖掘机操纵装置，无论是大挖掘机、小挖掘机，还是国产的、进口的，其基本形式、功能都一样，除非有添加个别功能外，否则没有什么差别。挖掘机操纵装置是挖掘机操纵杆的总和，挖掘机的操纵装置包括安全锁定杆、左右操纵把、行走操纵杆、行走操纵脚踏板、附属装置控制踏板、自动降速功能等操作部件。

本节将介绍小松、日立 ZX 型挖掘机操纵部件的位置、作用及使用，这两种机型有其代表性，特别是对监控器仪表的使用。只要掌握了这两种机械的使用方法和规律，其他的也就基本上掌握了。图 3-1 所示为 ZX200-3、PC200-8 挖掘机监控器仪表总图。

为了正确、安全、舒适地进行各种操作，应充分掌握挖掘机控制装置的操作方法和功能，以及机器监控器中各种显

（a）日立 ZX200-3 仪表监控

（b）小松 PC200-8 仪表监控

图 3-1 ZX200-3、PC200-8 挖掘机监控器仪表

示的意义。现以小松 PC 系列液压挖掘机为例，介绍各种操作装置的用途和使用。

1. 安全锁定杆

（1）安全锁定杆的功能

安全锁定杆的主要作用是防止工作装置、回转马达和行走马达产生错误动作，以避免发生安全事故。

（2）安全锁定杆操作使用

安全锁定杆通过电磁阀起作用，用于控制工作装置、回转马达和行走马达的液压油路的接通和关闭。它有锁紧和松开两个位置。该杆处于松开位置时，操作工作装置、回转和行走操作杆，以及工作装置、回转马达和行走马达能够动作。

该杆处于锁紧位置时，操作工作装置。回转和行走操作杆，以及工作装置、回转马达和行走马达均不能动作。

此外，启动发动机前，安全锁定杆应处于锁紧位置。若处于松开位置，发动机则不能启动。

（3）操作使用注意事项

①离开驾驶室之前，要确认安全锁定杆处于锁紧位置。如果未处于锁紧位置，误碰左、右工作装置操作杆或行走操作杆，而发动机此时又未熄火，会造成机器突然动作，引发严重的伤害事故。

②放下安全锁定杆时，不要碰触工作装置操作杆或行走操作杆。若安全锁定杆未真正处于锁紧位置，则工作装置、回转和行走均有突然动作的危险。

③在抬起安全锁定杆的同时，不要碰触工作装置操作杆和行走操作杆。

2. 左操作杆

(1) 左操作杆的功能

左手操作杆用于操作斗杆和回转。有的挖掘机上带有自动减速装置。

(2) 左操作杆操作使用

按下述动作操作左手操作杆时，斗杆和上车体会产生相应的动作。

①向下推：斗杆卸料。

②向上拉：斗杆挖掘。

③向右拉：上车体向右回转。

④向左拉：上车体向左回转。

⑤中位（N）：当左手操作杆处于中位时，上部车体不回转，斗杆不动作。

3. 右手工作装置操作杆

(1) 右操作杆的功能

右手操作杆用于操作动臂和铲斗，有的挖掘机上带有自动减速装置。

(2) 右操作杆操作使用

按下述动作操作右手操作杆时，动臂和铲斗会产生相应的动作。

①向下推：动臂下降。

②向上拉：动臂抬起。

③向右推：铲斗卸料。

④向左拉：铲斗挖掘。

⑤中位（N）：当右手操作杆处于中位时，动臂和铲斗均不动作。

4. 行走操作杆

（1）行走操作杆的功能

行走操作杆用于控制挖掘机的前后行走和左右转弯的操作。一般情况下，行走操作杆带有脚踏板。当手不能用于操纵行走操作杆时，可以用脚踩脚踏板来控制挖掘机的行走。有的挖掘机上行走操作杆带有自动减速装置。当按下自动降速开关按钮，且行走操作杆处于中位时，自动降速装置可自动降低发动机的转速，以减少油耗。

（2）行走操作杆操作使用

行走操作杆正常状态下，应将引导轮在前，驱动轮在后。此时，挖掘机的行走可用行走操作杆和脚踏进行下述操作。

①想使挖掘机前进时，向前推行走操作杆，或使脚踏板向前倾。

②想使挖掘机后退时，向后拉行走操作杆，或使脚踏板向后倾。

③想使挖掘机停止移动，使操作杆处于中位（N），或松开脚踏板。

（3）直线行走方式

首先是直线行进，左右行驶操作杆一起推向前进方，挖掘机就直线前进，操作杆拉向近身一侧，就直线后退。

（4）行走左、右转弯方式

行走左右转弯是指整机上下体同时转弯，这种行走转弯与只有上体的回转是有区别的。要左转弯或右转弯时，操作某一侧的行驶操作杆；右行驶操作杆推向前面，机械就向前左转；左行驶操作杆推向前面，机器就向前行右转。

液压挖掘机转向时，还有一个办法。例如，把左行驶操作杆拉向近身一侧，右行驶操作杆推向前方的话，车子就会原地向左转，如要原地向右转，则把左右操作杆反向操作。

（5）爬斜坡方式

行驶中工作装置一定要位于上坡方向，最终传动要位于后侧。

爬斜坡注意事项：

①如不需要机器行驶，不要把脚放在踏板上。若把脚放在踏板上，一旦误踩踏板，机器会突然移动，有造成严重事故的可能。

②一般情况下，应将驱动轮朝后放置。若驱动轮朝前，机器则朝相反方向移动（即操作杆向前推时，机器向后移动；操作杆向后拉时，机器向前移动），易造成意外事故。

③有些挖掘机可能带有行驶警报器，若行走操作杆由中位向前推或向后拉时，警报器会响，表示机器开始执行。

5. 复合操作

复合操作的功能。复合操作是挖掘机操作杆能使两个以上的工作装置同时工作。例如，一面收斗杆、又一面收铲斗；或者一面回转、一面提升大臂，这种操作叫复合操作。

首先，左操作杆可使斗杆和回转同时动作。例如，把杆拉向斜外侧近身一边时，可以一面收斗杆一面向左回转，然后，同时操作左右操作杆，可以复合操纵。例如，可一面用右操作杆提升大臂，一面用左操作杆回转。

在右操作杆工作时，如同看到的那样，杆朝斜方向动作，大臂和铲斗可以同时动作。例如，杆朝斜内侧身体一边拉的话，就能一面收铲斗一面提升大臂。只有掌握这种复合操作，才能说真正掌握了工作装置的基本操作。

6. 附属装置控制踏板（选配件）

（1）液压破碎器的操作

当要用破碎器进行作业时，先把工作模式置于破碎作业模式，并使用锁销。踏板的前部分被压下时，破碎器工作。锁销在①位时起锁定作用；锁销在②位是踏板半行程位置；锁销在③位是踏板全行程位置（图 3-2）。

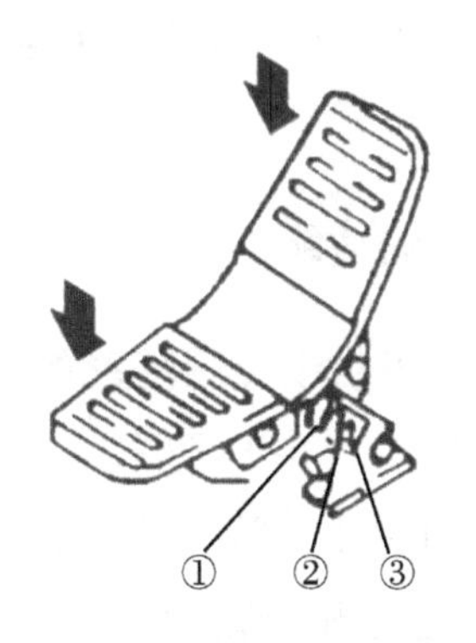

图 3-2 附属装置控制踏板

（2）附属装置的操作

踩下踏板时，附属装置工作。

注意事项：不操作踏板时，不要把脚放在踏板上。如工作时把脚放在踏板上，且无意中压下踏板，附属装置会突然动作，有可能造成严重伤害事故。

7. 自动降速功能的作用

自动降速功能的作用是在机器空闲时自动降低发动机的转速，以达到减小燃油消耗的目的。

当所有的操作杆都处于中位，发动机转速盘处于中速以上位置时，自动降速装置会将发动机的转速降至 1 400r/min 左右，并保持不变。如果此时操作任一操作杆，发动机转速会在 1s 内迅速回升到节气门控制盘设定的速度。所以在自动降速状态下，操作任一操作杆，发动机转速会突然升高，故此时操作应小心。

第三节　仪表的功能与使用

一、监控器仪表的功能

挖掘机监控器仪表由于品牌厂家的不同，监控器的样式也不同，但是通过小松 200-8（图 3-3）和日立 ZX200 监控器（图 3-4）内容的对比，就会看出其基本功能和内容基本相同，使用的方法也有相同之处，只要熟练掌握了一种方法，就可以触类旁通。

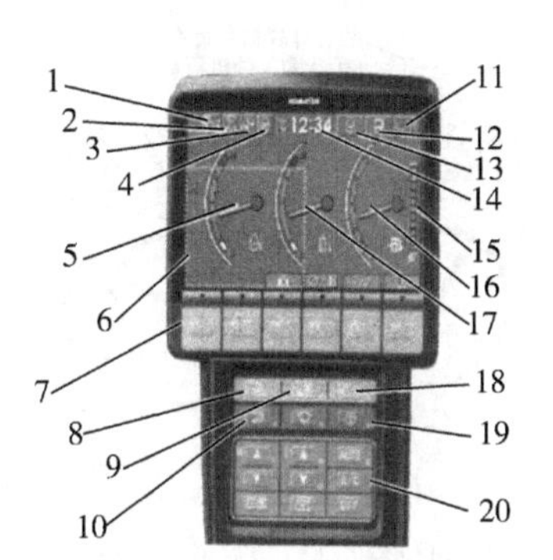

1-空调监控器；2-雨刷器监控器；3-回转锁定监控器；4-发动机预热/最大动力监控器；5-发动机水温表；6-当前监控器的尺寸 96.5mm（3.8″）；7-功能开关；8-自动减速开关；9-工作模式选择开关；10-蜂鸣器取消开关；11-行走速度监控器；12-工作模式监控器；13-自动减速监控器；14-时钟（可以转换为小时计）；15-生态仪表；16-燃油表；17-液压油温度表；18-行走速度选择开关；19-雨刷器/洗涤器开关；20-空调控制开关

图 3-3　小松 200-8

二、显示器的功能及监控内容

1. 显示器的内容

小松 PC 系列挖掘机采用彩色液晶面板的多功能监控器，高质量的 EMMS 设备管理监测系统具有异常状态情况显示及检测功能/可提示零件交换时间保养模式、保养次数记忆功能/故障履历记忆存储功能，全面监控发动机的转速、冷却液温度、机油压力和燃油油位等，具有自我诊断功能、故障自动报警显示、维护保养信息自动提示和历史故障记录等功能。根据需要选择作业优先的快速模式或以节省燃油为优先

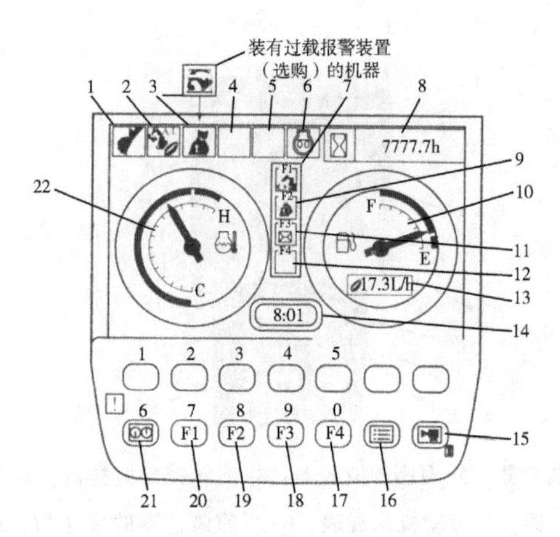

1-工作模式显示；2-自动怠速显示；3-过载报警显示或 ML 起重机显示；4-备用；5-备用；6-预热显示；7-工作模式显示；8-小时表；9-ML 起重机显示；10 燃油表；11-邮件显示；12-备用；13-燃油消耗表；14-时钟；15-后部屏幕选择；16-菜单；17-备用选择；18-邮件选择；19-ML 起重机选择；20-工作模式选择；21-返回主屏；22-冷却液温度计

图 3-4　日立 ZX200 监控器

的经济模式。在快速模式中，由于大功率发动机的采用和小松系列独有的压力补偿式 CLSS 液压系统，最低限度地减少了发动机功率的损耗，使挖掘机的作业量提高 8%。由于发动机的转速能自动调节减速可节省油耗 10%，实现了低振动、低噪声，操作舒适性达到了最佳水准。

监控器的显示面板有启动前检查面板、正常操作面板、定期保养警告面板、警告面板和故障面板。

正常情况下，启动发动机前监控器的面板显示的是基本检查项目。如果启动发动机时，发现异常情况，启动前检查

屏转换到定期保养警告屏、警告面板或故障面板。此时，启动前检查面板的显示时间为2s，然后转换到定期保养警告屏、警告面板和故障面板。

2. 各种开关

（1）（启动）开关

此开关用于启动或关闭发动机。

1）OFF（关闭）位置

在此位置上，可插入或拔出钥匙。此时，除驾驶室灯和时钟外，所有电气系统都处于断电状态，发动机关闭。

2）ON（接通）位置

接通充电和照明电路，发动机运转时，钥匙保留在这个位置。

3）START（启动）位置

启动发动机，则将钥匙放在该位置，发动机启动后应立即松开钥匙，钥匙会自动回到ON位置。

4）HEAT（预热）位置

冬天启动发动机前，应先将钥匙转到这个位置，有利于启动发动机。钥匙置于预热位置时，监控器上的预热监测灯亮。将钥匙保持在这个位置，直至监测灯闪烁后熄灭，此时立即松开钥匙，钥匙会自动回到OFF（关闭）位置。然后把钥匙转到START（启动）位置启动发动机。

（2）节气门控制盘

用以调节发动机的转速和输出功率。旋转节气门控制盘上的旋钮，可调节发动机节气门的大小。

1）低速（MIN）

向左（逆时针方向）转动此旋钮到底，发动机节气门处于最小位置，发动机低速运转。

2）高速（MAX）

向右（顺时针方向）转动此旋钮到底，发动机节气门处于最大位置，发动机高速（全速）运转。

（3）回转锁紧器开关

此开关用于锁定上部车体，使上部车体不能回转。此开关有如下两个位置。

1）SWING LOCK 位置（上车体锁定）

当回转锁定开关处于此位置时，回转锁定一直起作用，此时即使操作回转操作杆，上部车体也不会回转。同时监控器上的回转锁定监控灯亮。

2）OFF 位置（回转锁定取消）

当回转锁定开关处于此位置时，回转锁定作用被取消。此时操作回转操作杆，上部车体即可回转。

当左、右操作杆回到中位约 4s 后，回转停车制动即自动起作用（即上部车体被自动锁定）。当操作其中任一操作杆时，回转停车制动即自动被取消。

注意事项：机器行走时，或者不作回转操作时，要将此开关置于 SWING LOCK 位置；在斜坡上，即使回转锁定开关在 SWING LOCK 位置，如果向下坡方向操作回转操作杆，工作装置也可能在自重作用下向下坡方向移动，对此要特别注意。

（4）灯开关

用于打开前灯、工作灯、后灯及监控器灯。它分为两个位置：打开（ON）和关闭（OFF）。

（5）报警蜂鸣器停止开关

当发动机正在运转，蜂鸣器报警鸣响时，按下此开关可关闭蜂鸣器。

（6）喇叭按钮

此按钮位于右手操作杆顶端，按下此按钮喇叭鸣响。

（7）左手按钮开关（触式加力开关）

此按钮开关位于左手操作杆顶端，按下此按钮开关并按住，可使机器增加约7%的挖掘力。

（8）驾驶室灯开关

此开关用于控制驾驶室灯，位于驾驶室后部右上方。该开关处于朝上位置时灯亮；位于向下位置时灯灭。

启动开关即使在OFF位置，驾驶室灯开关也可能接通，注意不要误让驾驶室灯一直亮着。

（9）泵备用开关和回转备用开关

泵备用开关和回转备用开关均位于右控制架后侧，打开盖板，即可见到这两个开关。位于左边的是泵备用开关，位于右边的是回转备用开关。

1）泵备用开关

挖掘机正常工作时，此开关应处于朝下位置。正常工作时，不可将此开关朝上。

当机器监控器显示E02代码时（泵控制系统故障），蜂鸣器报警显示。若继续作业，发动机会冒黑烟，甚至熄停。此时可将此开关向上扳（接通），挖掘机仍可临时继续作业。

泵备用开关只是为了在泵控制系统出现异常时能继续进行短期作业。作业后，应马上检修故障。

2）回转备用开关

挖掘机正常工作时，此开关应处于向下的位置。正常工作时，不可将此开关朝上。

当机器监控器显示 E03 代码时（回转制动系统故障），蜂鸣器发生报警显示。此时，即使回转锁紧开关处于 OFF 位置，上车体依然不可回转。在此情况下，可将此开关朝上拨，上车体即可进行回转。但回转停车制动一直不能起作用，即上车体不能自动被锁定。

回转备用开关是为了在回转制动电控系统（回转制动系统）出现异常时，能进行短期回转作业。作业后，应马上检修故障。

3. 监控器面板模式概要

监控器面板提供一般与特殊两种功能，在多功能显示器上可以显示各种信息，其中显示项目包括监控器面板中预设的自动显示项目和通过转换功能显示的其他项目。

（1）一般功能

一般功能是指操作人员使用的菜单，这是一个操作人员可以通过转换操作设定或显示的一个功能，这个显示内容是正常显示。共分 ABCD 四大类，见表 3-1。

表 3-1　一般功能

操作人员模式（概要）		操作人员模式（概要）	
分类	小松标志的显示	分类	小松标志的显示
A	输入密码的显示	B	空调加热器的操作
A	破碎器模式检查的显示	B	显示摄像头模式的操作（如果装有摄像头）
A	启动前检查的显示	B	显 7K 时针和小时表的操作
A	启动前检查后警告的显示	B	保养信息的检查
A	保养间隔结束的显示	B	用户模式的设定和显示（包括用于用户的 KOMTRAX 信息）
A	工作模式和行走速度检查的显示		
A	普通屏显示	C	节能指导的显示
A	结束屏显未	C	注意监控器的显示
B	自动减速的选择	C	破碎器自动判断的显示
B	工作模式的选择	C	用户代码和故障代码的显示
B	行走速度的选择	D	检查 LCD（液晶显示）显示的功能
B	停止报警蜂鸣器的操作	D	检查小时表的功能
B	风挡雨刷器的操作	D	变更附件/保养密码的功能
B	车窗洗涤器的操作		

A：从启动开关打开时到显示屏转换成普通屏的显示，直到启动开关关闭后的显示。

B：操作机器监控器开关时的显示和功能。

C：满足某些条件时的显示和功能。

D：需要特殊的开关操作的显示和功能。

（2）特殊功能

特殊功能又叫服务菜单，这是一个维修技师可通过特殊转换操作进行设定或显示的功能。该显示内容不是经常显示的，它主要用于机器的检查、调整、故障诊断或特殊设定。共有 12 大项内容。这些内容作为挖掘机操作人员也可以学习掌握，作为备用，见表 3-2。

表 3-2　特殊功能

<table>
<tr><th colspan="2">服务模式</th><th colspan="2">服务模式</th></tr>
<tr><td>1. 监控</td><td></td><td>7. 默认</td><td>破碎器检测</td></tr>
<tr><td rowspan="3">2. 异常记录</td><td>机械系统</td><td rowspan="4">8. 调整</td><td>泵吸入转矩（F）</td></tr>
<tr><td>电气系统</td><td>泵吸入转矩（R）</td></tr>
<tr><td>空调系统/加热器系统</td><td>低速</td></tr>
<tr><td colspan="2">3. 保养记录</td><td>附件流量调整</td></tr>
<tr><td colspan="2">4. 保养模式变化</td><td colspan="2">9. 气缸切断</td></tr>
<tr><td colspan="2">5. 电话号码输入</td><td colspan="2">10. 无喷射</td></tr>
<tr><td rowspan="6">6. 默认</td><td>接通模式</td><td colspan="2">11. 燃油消耗</td></tr>
<tr><td>单位</td><td rowspan="4">12. KOMTRAX 设定</td><td>终端状态</td></tr>
<tr><td>带/不带附件</td><td>GPS 和通信状态</td></tr>
<tr><td>附件/保养密码</td><td>控制器系列号（TH300）</td></tr>
<tr><td>摄像头</td><td>控制器 IP 地址（TH200）</td></tr>
<tr><td>ECO</td><td colspan="2">13. KOMTRAX 信息显示</td></tr>
</table>

4. 操作人员监控器菜单的显示样式

根据设定和机器的情况，从启动开关打开时到显示屏转换成普通屏时显示的内容，见表 3-3。

A：发动机启动锁定被设到有效时；

B：发动机启动锁定被设到无效时；

C：启动时的工作模式被设到破碎器模式（B）时；

D：在启动前的检查项目中有异常的项目时；

E：在规定的间隔后没进行保养的保养项目时。

表 3-3　操作人员监控器显示样式

功能	内容	显示窗口
1. KOMATSO 标志的显示	打开启动开关时，KOMATSU 标志显示 2s。 KOMATSU 标志显示 2s 后，此屏转换为“输入密码的显示”，“破碎器模式检查的显示（如果设定 B 模式）”或“启动前检查的显示”	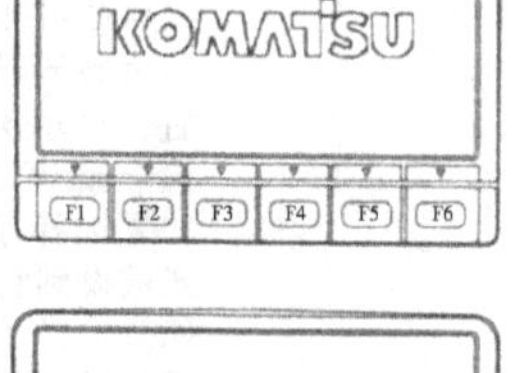
	除了上面的输入密码屏的显示外，会显示下面的显示屏。如果显示此屏，请小松经销商负责 KOMTRAX 操作的人员进行修理	
2. 输入密码的显示	显示 KOMATSU 标志后，显示输入“发动机启动锁定密码”的显示屏。 只有在发动机启动锁定功能被设在有效时显示此屏。 如果正常地输入密码，此屏转换到“破碎器模式检查的显示（如果设定 B 模式）”或“启动前检查的显示”。 除发动机启动锁定外，机器监控器具有一些密码功能。这些功能彼此独立	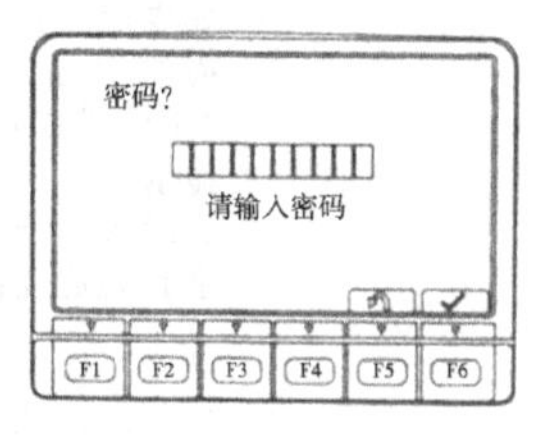

（续表）

功能	内容	显示窗口
3. 破碎器模式检查的显示	当打开启动开关时，如果工作模式被设定为破碎器模式［B］时，显示屏上显示通知操作人员“以破碎器模式启动”的信息。 当把工作模式设到破碎器模式［B］时，如果使用除破碎器以外的其他附件，机器会意外地移动或不能正常地操作或可能会损坏液压部件。 结束破碎器模式的检查操作后，显示屏变为“启动前的检查显示”。 如果选择了“NO”：工作模式被设到经济模式［E］。 如果选择了“YES”：工作模式被设到破碎器模式［B］	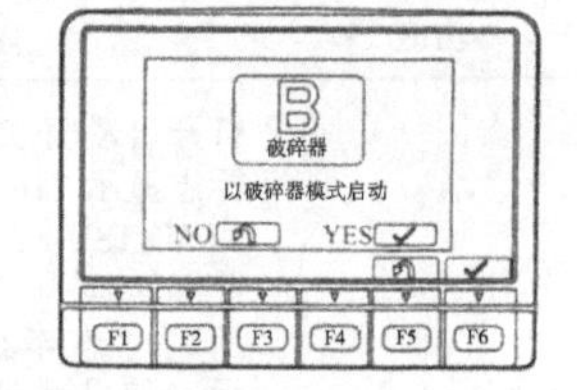
4. 启动前检查的显示	当显示屏转换到启动前的检查屏时．启动前的检查进行2s。 如果通过启动前的检查，检测到任何异常时，此屏转换到“启动前检查后警告的显示”或“保养间隔结束的显示”。 如果通过启动前的检查没有检测到异常，此屏转换到“工作模式和行走速度的检查显示”。 显示屏上显示的监控器（6个）是启动前检查中的项目	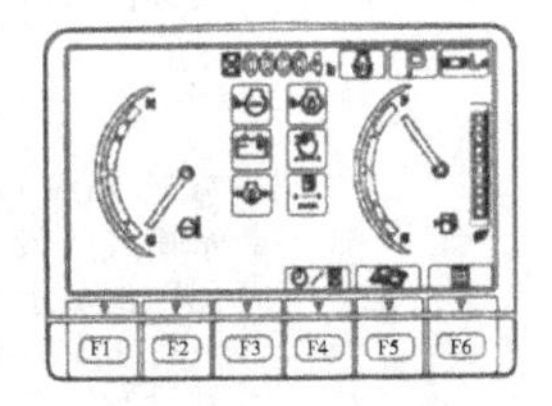
5. 启动前检查后警告的显示	如果通过启动前的检查检测到任何异常，显示屏上显示警告监控器。 右图示出了机油油位监控器 a 警告机油油位低	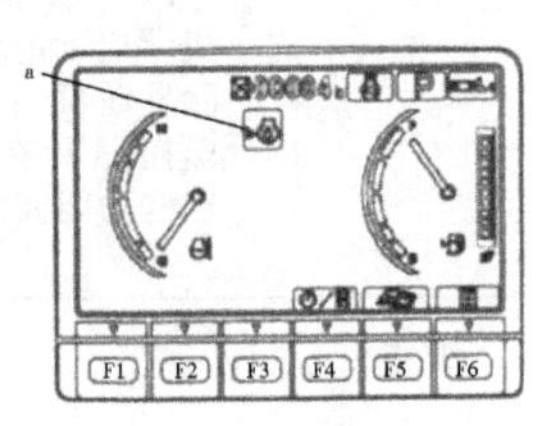

（续表）

功能	内容	显示窗口
6. 保养间隔结束的显示	当进行启动前的检查时，如果保养项目接近或在设定间隔的结束以后，保养监控器显示 30s 以催促操作人员进行保养。 只有当保养功能有效时，才显示此屏。保养监控器的颜色（黄色和红色）指示保养间隔后的时间长度。 在服务模式中设定或改变保养功能。此屏显示结束以后，此屏转换到工作模式或行走速度的检查显示	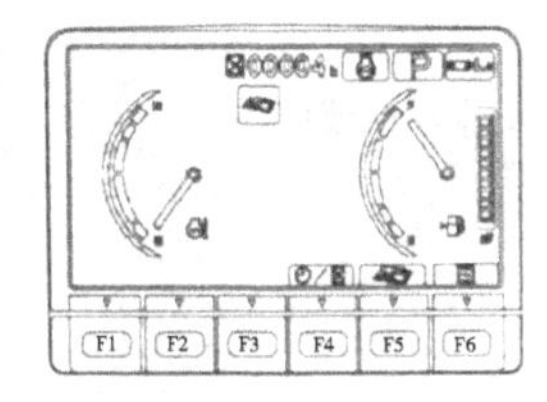
7. 工作模式和行走速度的检查显示	如果启动前的检查正常结束，检查工作模式和行走速度的显示屏显示 2s。 完成工作模式和行走速度的检查显示后，此屏转换到“普通屏的显示”	
8. 普通屏的显示	如果机器监控器正常启动，显示普通屏。 在显示屏的上部中间部分，显示小时表 a 或时钟（用［F4］选择小时表或时钟。） 在显示屏的右端显示 ECO 表 b（在服务模式中打开或关闭）	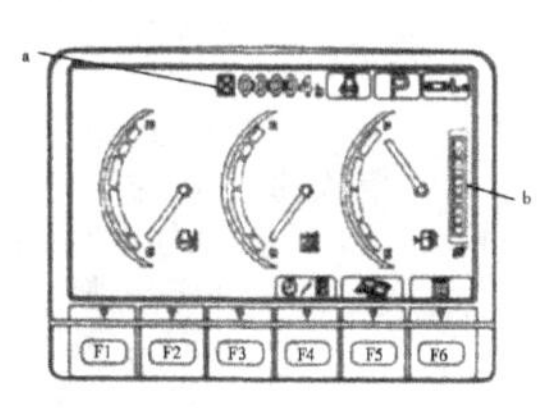
9. 结束屏的显示	关闭启动开关时．结束屏显示 5s。 根据 KOMTRAX 的信息显示功能，结束屏上可能会显示另外的信息	

（续表）

功能	内容	显示窗口
10. 自动减速的选择	在显示普通屏时，如果按下自动减速开关，大的自动减速监控器 a 显示 2s 并改变自动减速的设定。 每次按下自动减速开关，自动减速交替地打开或关闭。 如果打开自动减速，同时显示大监控器 a 和自动减速监控器 b。 如果关闭自动减速，自动减速监控器 b 熄灭	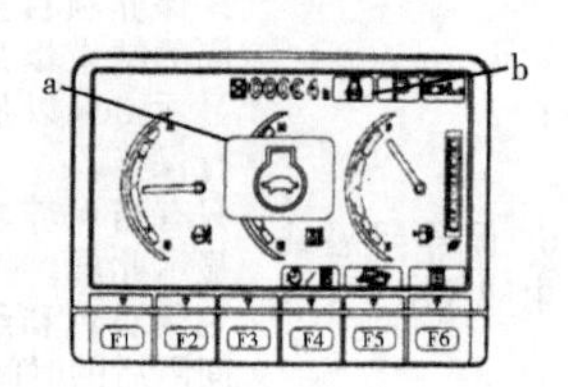
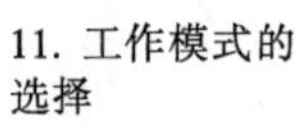11. 工作模式的选择	根据下列步骤选择工作模式。 1. 当显示普通屏时，按下工作模式选择开关，显示工作模式选择屏。 右图示出了当设定“带附件”时显示的工作模式选择屏（如果在服务模式中没设定“带附件”，不显示附件模式［ATT］） 2. 操作功能开关或工作模式选择开关，以选择和确认你将使用的工作模式。 ［F3］：移到下部工作模式； ［F4］：移到上部工作模式； ［F5］：取消选择恢复到普通屏； ［F6］：确认选择恢复到普通屏；工作模式选择开关按下：移到下部工作模式；保持按下：确认选择并恢复到普通屏。 如果在 5s 内不接触任何功能开关和工作模式选择开关，选择确认并且此屏转换到普通屏	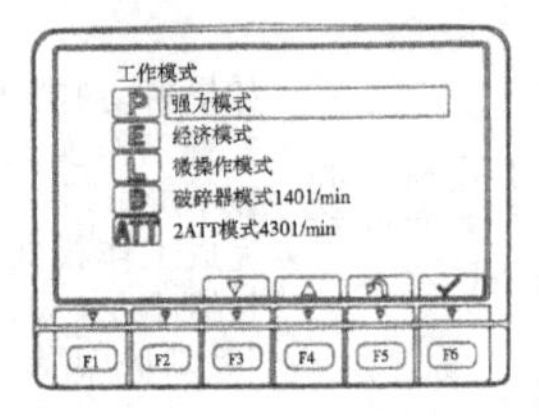 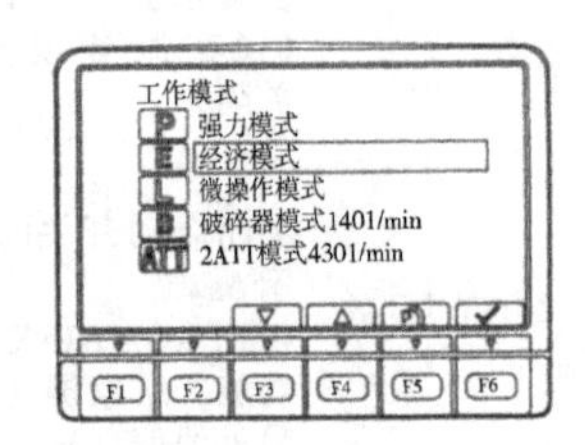

（续表）

功能	内容	显示窗口
11. 工作模式的选择	3. 当再显示普通屏时，大的工作模式监控器 a 显示 2s，然后工作模式的设定被改变。 当显示大监控器 a 时，工作模式监控器 b 的显示也被改变。 选择破碎器模式［B］的注意事项： 如果选择破碎器模式，液压泵的控制和液压油路的设定都被改变。 如果使用除破碎器以外的附件，机器会意外地移动或不能正常地操作，或会损坏液压部件。 选择破碎器模式后，显示确认破碎器模式选择的显示屏（显示此屏时，蜂鸣器断续地鸣响）。 如果在此屏上确认设定，此屏转换到普通屏。 如果选择 No：显示屏恢复到选择工作模式的显示屏。 如果选择 Yes：工作模式被设到破碎器模式［B］	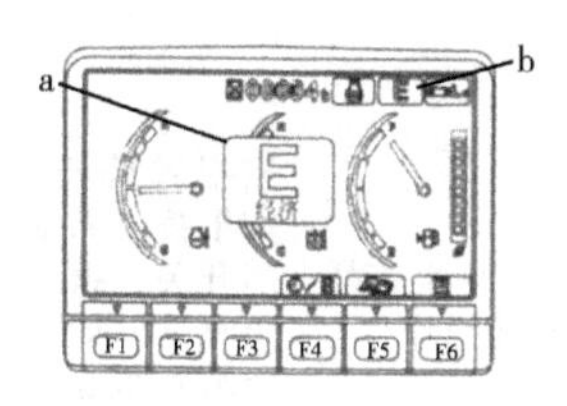 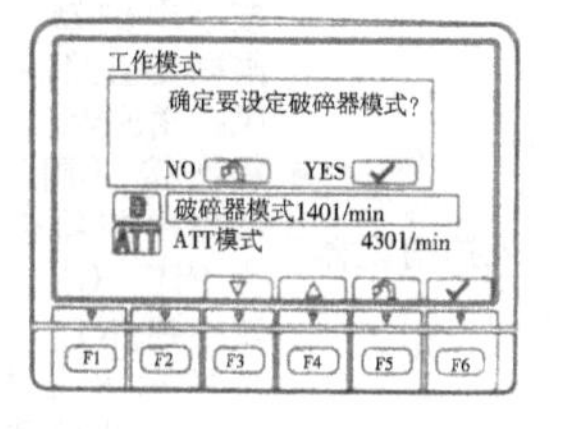
12. 行走速度的选择	当显示普通屏时，如果按下行走速度转换开关，大的行走速度监控器 a 显示 2s，行走速度的设定被改变。 每次按下行走速度转换开关，行走速度按 Lo、Mi、Hi 的顺序改变并再变为 Lo。 当显示大监控器 a 时，行走速度监控器 b 也改变	—

（续表）

功能	内容	显示窗口
13. 停止报警蜂鸣器的操作	当报警蜂鸣器鸣响时，如果按下报警蜂鸣器取消开关，报警蜂鸣器停止鸣响。即使按下报警蜂鸣器取消开关，显示屏也不改变	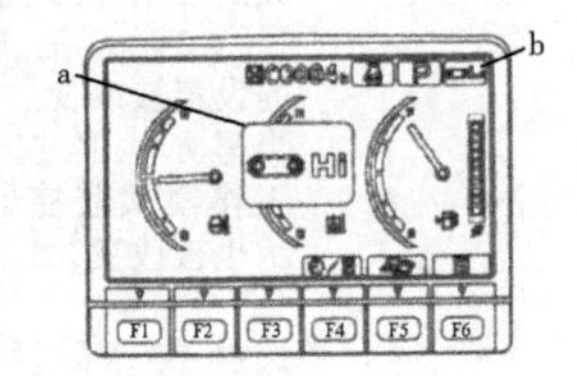
14. 风挡雨刷器的操作	当显示普通屏时，如果按下雨刷器开关，大的雨刷器监控器 a 显示 2s。风挡雨刷器启动或停止。每次按下雨刷器开关，风挡雨刷器按顺序转换为 INT、ON、OFF 并再转换到 INT。当显示大监控器 a 时，雨刷器监控器 b 的显示被转换或被关闭。如果关闭风挡雨刷器，不显示大监控器 a	—
15. 风挡洗涤器的操作	当显示普通屏时，如果按下风挡洗涤器开关，在按住开关的同时，会喷出洗涤液。即使按下车窗洗涤器开关，显示屏也不改变	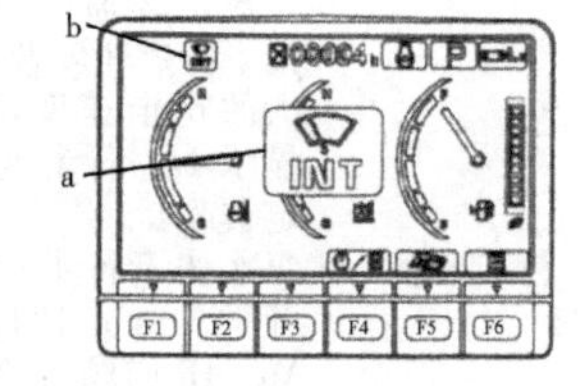

（续表）

功能	内容	显示窗口
16. 空调/加热器的操作	当显示普通屏时，按下空调开关或加热器开关，显示空调调整屏或加热器调整屏。 当显示空调调整屏或加热器调整屏时，如果在5s内不接触任何开关，此屏转换成普通屏	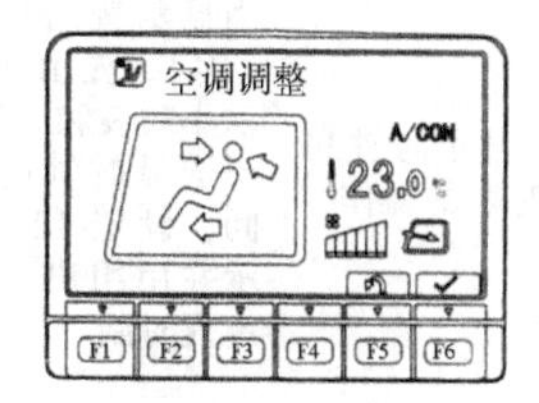
17. 显示摄像模式的操作（如装有摄像头）	当装有摄像头时，如果按下［F3］，多功能显示转换为摄像头画面（在服务模式中设定摄像头的连接） 一共可以连接3个摄像头。然而，如果选择了摄像头模式，只显示摄像头1的画面。 如果在摄像头模式中出现注意事项，在显示屏的左上方显示注意监控器（然而，不显示低液压油温度注意）。 当在摄像头模式出现有用户代码的故障时，如果在10s内不接触任何操纵杆，此屏转换到普通屏并显示故障信息。 当连接两个以上的摄像头时，可以显示它们中的一个画面或两个画面。 如果选择了两个摄像头画面显示，摄像头1的画面在显示屏的左侧显示，摄像头2的画面在右侧显示。摄像头3的画面只单独显示。 如果同时显示两个摄像头的画面，画面在右侧和左侧显示屏上以1s的间隔显示	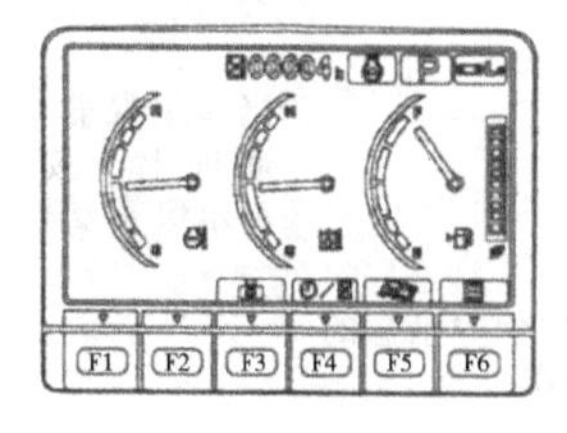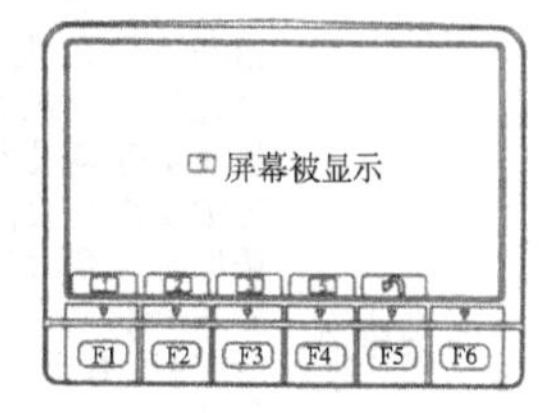

（续表）

功能	内容	显示窗口
18. 显示时钟和小时表的操作	当显示普通屏时，按下［F4］，显示 a 交替地显示小时表和时钟。 当选择时钟时，调整时间，设定 12h 或 24h 显示并用用户模式功能设定夏时制	
19. 保养信息的操作	当显示保养监控器或普通屏时，按下［F5］，显示保养表屏 为了重设完成保养后剩余的时间，需要更多的操作	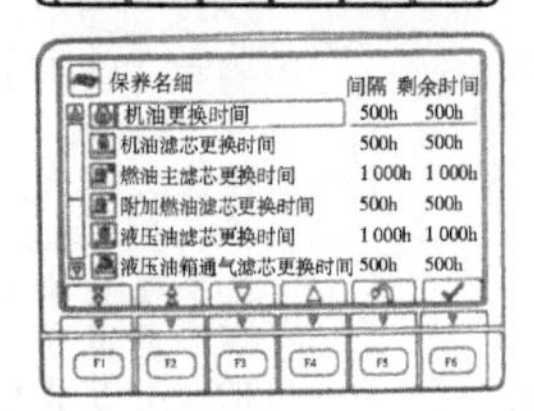
20. 节能指导的显示	当机器被设在某一操作条件时，自动显示节能指导屏，以促使操作人员进行节能操作。 当在服务模式中，显示设定被设在有效，满足下列条件时，显示节能指导。 显示条件：发动机正在运转+所有操纵杆处在中位达 5min+没有出现注意（注）或用户代码（注）。 注：不包括液压油低温注意 如果操作任何操纵杆或踏板．或按下［F5］，此屏恢复到普通屏	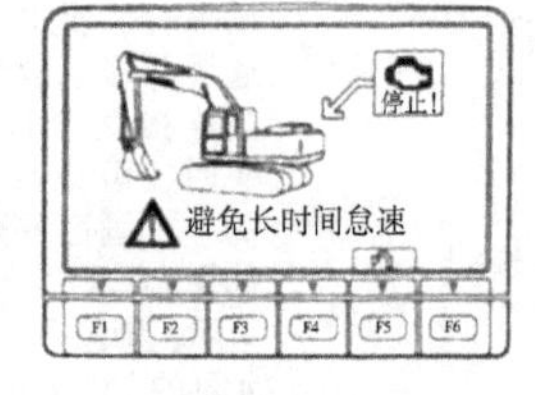

（续表）

功能	内容	显示窗口
21. 注意监控器的显示	如果普通屏或摄像头模式屏上出现显示注意监控器的异常，以较大图像显示一会儿注意监控器，然后在显示屏内的 a 处显示。 在摄像头模式屏上，当出现注意时，注意监控器在显示屏的左上部闪烁	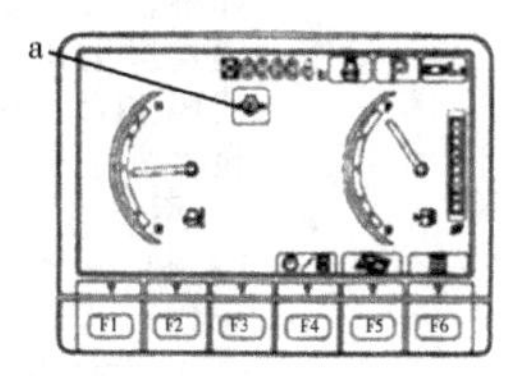
	破碎器自动判断的显示： 如果操作人员以不正确的工作模式进行破碎器操作，显示破碎器自动判断屏，以促使操作人员选择正确的工作模式。 当在服务模式中显示设定被设定为有效，满足下列条件时，显示破碎器自动判断。 显示的条件： 当泵控制器测量后泵压力一段时间时，得到的数值与事先存入控制器的破碎器操作的脉动波形式类似。 交货时，破碎器自动判断功能被设到不用（不显示）。 如果显示此屏，检查工作模式的设定。如果使用破碎器，选择破碎器模式［B］。 若要恢复普通屏，按下［F5］	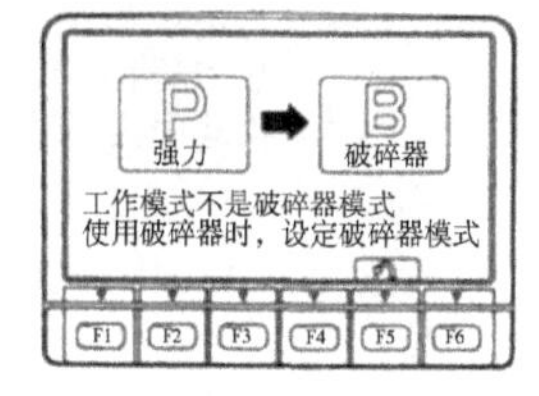

（续表）

功能	内容	显示窗口
22. 用户代码与故障码的显示	如果在普通屏或摄像头模式屏上出现显示用户代码和故障码的异常，显示所有异常信息。 a：用户代码（3 位数）； b：故障码（5 或 6 位数）； c：电话标志； d：电话号码。 只有当用户代码设定出现异常（故障码）时，显示此屏。 只有当在服务模式中注册了电话号码时，才显示电话标志和电话号码。 如果同时出现多种异常，按顺序重复显示所有代码。 由于在服务模式中的异常记录中记录了显示的故障码的信息，在服务模式中检查详情	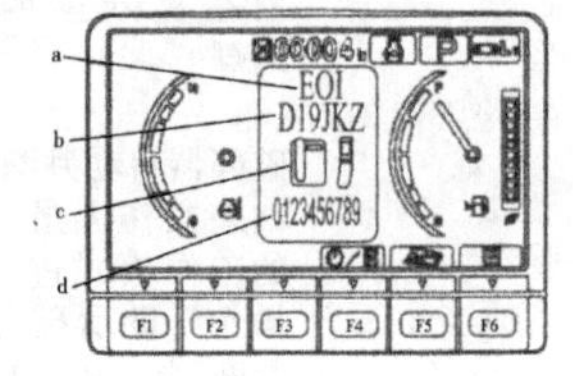
	当还显示注意监控器时，不显示电话标志	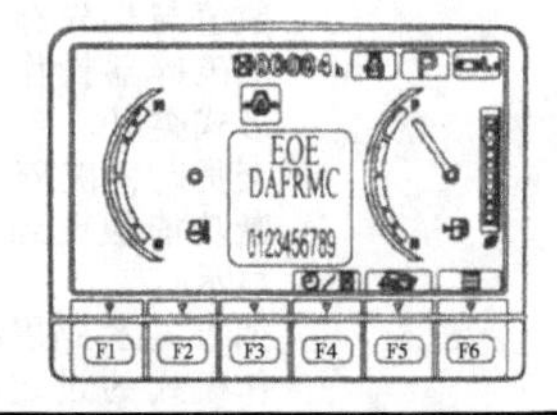

第四章　挖掘机的驾驶训练

挖掘机驾驶操作是移动挖掘机的基本方法，首先要学会发动机的正确启动与熄火、挖掘机的行走、转向、挖掘机工作装置的正确操作、挖掘机的正确停车和低温使用的特点等操作方法和注意事项。场内训练概括为“一启动，二行走，三回转，四动臂”，这是最基本的，但是很重要。

第一节　启动与熄火的操作

使挖掘机能够正常和安全地进行工作，须按照一定的程序和步骤对发动机进行控制和操作。挖掘机发动机的控制与操作主要有以下几个方面：启动发动机前的检查与操作、启动发动机、启动发动机后的操作、熄火关闭发动机及发动机关闭后的检查等。

一、启动发动机前的检查与操作

1. 巡视检查

启动发动机前，要巡视检查机器和机器的下面，检查是否有螺栓或螺母松动，是否有机油、燃油或冷却液泄漏，并检查工作装置和液压系统的情况，还要检查靠近高温地方的导线是否松动，是否有间隙和灰尘聚积。

每天启动发动机前，应认真检查以下项目。

①检查工作装置、油缸、连杆、软管是否有裂纹、损坏、磨损或游隙。

②清除发动机、蓄电池、散热器周围的灰尘、草屑和脏物。检查是否有灰尘和脏物聚积在发动机或散热器周围，检查是否有易燃物（枯叶、树枝、草等）聚积在蓄电池或高温部件（如发动机消声器或增压器）周围。要清除所有的脏物和易燃物。

③检查发动机周围是否有漏水或漏油，冷却系统是否漏水。发现异常要及时进行修理。

④检查液压装置。注意液压油箱、软管、接头是否漏油。

⑤检查下车体（履带、链轮、引导轮、护罩）有无损坏、磨损、螺栓松动或从轮处漏油。

⑥检查扶手是否损坏，螺栓是否松动。

⑦检查仪表、监控器是否损坏，螺栓是否松动。检查驾驶室内的仪表和监控器是否损坏。发现异常，要及时更换部件，清除表面的脏物。

⑧清洁后视镜，检查是否损坏。如果已损坏，要更换新的后视镜；要清洁镜面，并调整角度以便从驾驶座椅上看到后面的视野。

2. 启动发动机前的检查

（1）检查冷却液的液位

①打开机器左后部的门，检查副水箱中的冷却水是否在LOW（低）与FULL（满）标记之间。如果水位低，要通过副水箱的注水口加水到FULL（满）液位。注意，应加注矿物质含量低的软水。

②加水后，把盖牢固的拧紧。

③如果副水箱是空的，首先检查是否有漏水。检查以后，马上修理。如果没有异常，检查散热器中的水位。如果水位低，往散热器中加水，然后往副水箱中加水。

注意事项：除非必要，不要打开散热器盖。检查冷却液时，要等发动机冷却后检查副水箱。关闭发动机后，冷却液处在高温，散热器处内部压力较高，如果此时拆下散热器盖，高温的冷却液会喷出，有烫伤的危险。正确的方法是，等温度降下来，拆卸散热器盖时，慢慢地转动散热器盖以释放内部的压力。

（2）检查发动机油底壳内的油位，加油

①打开机器上部的发动机罩，拔出机油尺，用布擦掉机油尺上的机油，然后将机油尺完全插入检查口管，再把机油尺拔出，检查机油位是否在机油尺的H和L标记之间。

②如果机油位低于L标记，要通过注油口加说明书规定牌号的机油。

③如果机油位高于H线，打开发动机的机油箱底部的放油塞，排除多余的机油，然后再次检查油位。

④机油位合适后，拧紧注油口盖，关好发动机罩。

注意事项：检查发动机机油位应在冷机状态下进行。若发动机运转后检查油位，应在关闭发动机后至少15min以后再进行。如果机器是斜的，在检查前要使机器停在水平地面。

（3）检查燃油位，加燃油

①打开燃油箱上的注油口盖，油箱浮尺会根据燃油位上升。浮尺的高低代表油箱内燃油量的多少。当浮尺的顶端高出注油口端平面大约50mm时，表示燃油已经注满。

②加油后，用注油口盖按下浮尺。注意，不要让浮尺卡在注油口盖的凸耳上，将注油口盖牢固拧紧。

注意事项：经常清洁注油口盖上的通气孔。通气孔被堵后，油箱中的燃油将不流动、压力下降，发动机会自动熄火或无法启动。

（4）排放燃油箱中的水和沉积物

①打开机器右侧的泵室门。

②在排放软管下面放一个容器，接排放的燃油。

③打开燃油箱后部的排放阀，将聚积在油箱底部的沉积物和水与燃油一起排除。

④见到流出干净的燃油时，关闭排放阀。

⑤关上机器右侧的泵室门。

（5）检查油水分离器中的水和沉积物，放水

打开机器右后侧的门，检查油水分离器内部的浮环是否已经升到标记线，要按照以下步骤放水。

①在油水分离器下部放一个接放油的容器。

②关闭燃油箱底部的燃油阀。

③拆下油水分离器上端的排气螺塞。

④松开油水分离器底部的排放阀，把水和沉积物排入容器。

⑤松开环形螺母拆下滤芯壳体。

⑥从分离器座上拆下滤芯，并用干净的柴油进行冲洗。

⑦检查滤芯，如果损坏，要进行更换。

⑧如果滤芯完好无损，将滤芯重新安装好。安装时注意先将油水分离器的排放阀关闭，然后装上油水分离器上端的排气螺塞。环形螺母的拧紧力矩应为（40±3）N·m。

⑨松开排气螺塞，往滤芯壳体内添加燃油，见燃油从排气螺塞流出时，拧紧排气螺塞。

（6）检查液压油箱中的油位，加油

①工作装置处在图 4-1 的状态，启动发动机并低速运转发动机，收回斗杆和铲斗油缸，然后降下动臂，把铲斗斗齿调成与地面接触，关闭发动机。

图 4-1　检查液压油油位的正确停机姿势

②在关闭发动机后的15s内，把启动开关切换到ON位置，并以每种方向全程操作操纵杆（工作装置、行走）以释放内部压力，如图4-1所示。应从钥匙开关上取下钥匙，把先导锁杆提到“锁住”位置。

③打开机器右侧泵室门，检查液压油位计，油位应处在H和L线之间。

④油位低于L线时，通过液压油箱顶部的注油口加说明书规定牌号的液压油。

注意：不要将油加到H线以上，否则会损坏液压油路或造成油喷出。如果已经将油加到H油位以上，要关闭发动机，等液压油冷却后，从液压油箱底部的排放螺塞排出过量的油。在拆卸盖之前，要慢慢转动注油口盖释放内部压力，防止液压油喷出。停机姿势与检查液压油油位的姿势应一致，若不一致，此时直接进行液压油油位的检查，检查结果是不正确的。

（7）检查电器线路

检查熔断器（保险丝）是否损坏或容量是否相符，检查电路是否有断路或短路迹象，检查各端子是否松动并拧紧松动的零件，检查喇叭的功能是否正常。将启动开关切换到ON位置，确认按喇叭按钮时，喇叭鸣响，否则应马上修理。

注意检查蓄电池、启动马达和交流发电机的线路。

注意事项：如果熔断器被频繁烧坏或电路有短路迹象，找出原因并进行修理，或与经销商联系修理。蓄电池的上部表面要保持清洁，检查蓄电池盖上的通气孔。如果通气孔被

脏物或尘土堵塞，冲洗蓄电池盖，把通气孔清理干净。

3. 启动发动机前的操作、确认

每次启动发动机前，应认真做以下检查。

①检查安全锁定控制杆是否在锁紧位置。

②检查各操作杆是否在中位。

③启动发动机时不要按下左手按钮开关。

④将钥匙插入启动开关，把钥匙转到 ON 位置，然后进行下列检查。

A. 蜂鸣器鸣响约 1s，监控器的指示灯和仪表闪亮约 3s：散热器水位监控器，机油油位监控器，充电电位监控器，燃油油位监控器，发动机水温监控器，机油压力监控器，发动机水温计，燃油计，空气滤清器堵塞监控器。

如果监控器不亮或蜂鸣器不响，则监控器可能有故障，要与经销商联系修理。

B. 启动大约 3s 以后，屏幕转换到工作模式/行走速度显示监控器，然后转换到正常屏幕，其显示项目：燃油油位监控器、发动机油位监控器、发动机水温计燃油计、液压油温度计和液压有温度监控器。

C. 如果液压油温度表熄灭。液压油温度监控器的指示灯依然发亮（红色），要马上对所指示的项目进行检查。

D. 如果某些项目的保养时间已过，保养监视器指示灯闪亮 30s。按下保养开关，检查此项目，并马上进行保养。

E. 按下前灯开关，检查前灯是否亮。如果前灯不亮，可能是灯泡烧坏或短路，应进行更换或修理。

注意事项：启动发动机时，检查安全锁定控制杆是否固定在锁定位置；如果没有锁定操纵杆，启动发动机时意外触到操纵杆，工作装置会突然移动，可能会造成严重事故；当操作人员从座椅中站起时，不管发动机是否运转，一定要将安全锁定控制杆设定在锁定位置。

二、启动发动机

1. 正常启动

（1）启动前注意事项

①检查挖掘机周围区域是否有人或障碍物，喇叭鸣响后才能启动发动机。

②检查燃油控制旋钮是否处在低怠速（MIN）位置。

③连续运转启动马达不要超过5s。如果发动机没有启动，至少应等待2min，然后再重新启动。

④如果燃油控制旋钮处在FULL位置，发动机将突然加速，会造成发动机零部件损坏。注意将控制旋钮调到中速或低速位置。

（2）检查安全锁定控制杆是否处在锁定位置

安全锁定控制杆处在自由位置，发动机将不能启动。

（3）把燃油控制旋钮调到低怠速（MIN）位置

如果控制旋钮处在高怠速（MAX）位置，一定要转换到低怠速（MIN）位置。

（4）启动

将启动开关钥匙转到START位置，发动机将启动。当

发动机启动时，松开启动开关钥匙，钥匙将自动回到 ON 位置。发动机启动后，当机油压力监控器指示灯还亮时，不要操作工作装置操作杆和行走操作杆（踏板）。

注意事项：如果 4~5s 以后，机油压力监控器指示灯仍不熄灭，要马上关闭发动机，检查机油油位，检查是否有机油泄漏，并采取必要的技术措施。

2. 冷天启动发动机

在低温条件下启动发动机的步骤。同正常启动外，要增加预热措施。

（1）预热

将启动开关钥匙保持在 HEAT（预热）位置，并检查预热监控器是否亮。大约 18s 后，预热监控器指示灯将闪烁，表示预热完成。此时，监控器和仪表将发亮，这属正常现象。

（2）启动

当预热监控器熄灭时，把启动开关钥匙转动到 START 位置，启动发动机。发动机启动后，松开启动开关钥匙，钥匙自动回到 ON 位置。发动机启动后，当机油压力监控器指示灯还亮时，不要操作工作装置操作杆和行走踏板。

三、启动发动机后的操作

1. 暖机操作

暖机操作的功能是将机油输送到机器各运动表面进行充分润滑等。它和提高油温主要包括发动机的暖机和液压油的预热两方面的工作。只有等暖机操作结束后才能开始作业。暖机操作步骤如下。

①将燃油控制旋钮切换到低速与高速之间的中速位，并在空载状态下中速运转发动机大约5min。

②将安全锁定控制杆调到自由位置，并将铲斗从地面升起。在此过程中注意以下两点：

第一，慢慢地操作铲斗操纵杆和斗杆操纵杆，将铲斗油缸和斗杆油缸移到行程端部；

第二，铲斗和斗杆全行程操作5min，在铲斗操作和斗杆操作之间，以30s为周期转换；

③预热操作后，检查机器监控器上的所有仪表和指示灯是否处于下列正常状态。

散热器水位监控器：不显示。

机油油位监控器：不显示。

充电电位监控器：不显示。

燃油油位监控器：绿色显示。

发动机水温监控器：绿色显示。

机油压力监控器：不显示。

发动机冷却液（水温）计：指针在黑色区域内。

燃油计：指针在黑色区域内。

发动机预热监控器：不显示。

空气滤清器堵塞监控器：不显示。

液压油温度计：指针在黑色区域内。

液压油温度监控器：绿色显示。

④检查排气颜色、噪声或振动有无异常，如发现异常，应进行修理。

⑤如果空气滤清器堵塞监控器指示灯显示，要马上清洁或更换滤芯。

⑥利用监控器上的工作模式选择开关选择将要采用的工作模式。工作模式监控器显示的 4 种模式及作用见表 4-1。

表 4-1　各工作模式的适用场合

工作模式	适用的操作
A 模式	普通挖掘、装载操作（着重于生产率的操作）和重负前操作如挖掘石块等
E 模式	普通挖掘、装载操作（着重于节约燃油的操作）
L 模式	需要精确定位工作装置时（如起吊、平整等精确控制作业操作）
B 模式	破碎器操作

注：如果在 A 模式下进行破碎器操作，会损坏液压装置。只能在 B 模式下进行破碎器操作。

注意事项如下。

①液压油处在低温时，不要进行操作或突然移动操纵杆。一定要进行暖机操作，否则有损机器的使用寿命。

②在暖机操作完成之前，不要使发动机突然加速。

③不要以低怠速或高怠速连续运转发动机超过 20min，否则会造成涡轮增压器供油管处漏油。如果必须用怠速运转发动机，要不时地施加载荷或以中速运转发动机。

④如果发动机冷却液温度在 30℃以下，为保护涡轮增压器，在启动以后的 2s 内发动机转速不要提升，即使转动了

燃油控制旋钮也是这样。

⑤如果液压油温度低，液压油温度监控器指示灯显示为白色。

⑥为了能更快地升高液压油温度，可将回转锁定开关转到 SWING LOCK（锁定）位置，再将工作装置油缸移到行程端部，同时全行程操作工作装置操作杆，做溢流动作。

2. 自动暖机操作

在寒冷地区启动发动机时，启动发动机后。系统自动进行暖机操作。启动发动机时，如果发动机冷却液温度低于30℃，将自动进行暖机操作。如果发动机冷却液温度达到规定的温度（30℃）或暖机操作持续了 10min，自动暖机操作将被取消。自动暖机操作后，发动机冷却液温度或液压油温度还低，按暖机操作步骤进一步暖机和检查。

注意事项：若不进行上述操作，当启动或停止各操作机构时，在反应上会有延迟，因此要继续操作，直到正常为止。其他注意事项与暖机操作相同。

当发动机的冷却液温度低于 30℃时启动发动机，系统便会自动进行暖机操作。此时燃油控制旋钮虽在低速（MIN）位置，但系统却将发动机转速设定为 1200r/min 左右。在某些紧急情况下，如果需要时不得不把发动机转速降至低怠速。应按下列步骤取消自动暖机操作。

①将钥匙插入启动开关，从 OFF 切换到 ON 位置。

②把燃油控制旋钮切换到高速（MAX）位置，并在该位置保持 3s。

③再把燃油控制旋钮拨回到低速（MIN）位置。

④此时再启动发动机，自动暖机功能已被取消，发动机以低速运转。

3. 工作模式的选择

为确保液压挖掘机在安全、高效、节能状态下作业，在发动机控制系统中设定了4种工作模式，以适应不同工作条件下挖掘机进行有效的工作。

利用机器监控器上的工作模式选择开关可选择与工作条件相匹配的工作模式。

当把发动机开关切换到ON位置时，工作模式被调定在A模式（挖掘）。利用表4-1工作模式选择开关可以把模式调到与工作条件相匹配的最有效的模式。PC200/200-7液压挖掘机的工作模式及与之相匹配的操作见表4-1。

在操作过程中，为了增加动力，可以使用触式加力功能来增加挖掘力。选择A模式或E模式时，在作业过程中，按下左手操作杆端部的按钮开关（触式加力开关）（图4-2），可增加约7%的挖掘力。但是，若持续按住按钮开关超过8.5s，触式加力功能便自动取消，工作模式恢复至原来的工作模式。过几秒钟后，可再次使用此功能。

四、关闭发动机

关闭发动机的步骤是否正确，对发动机的使用寿命有极大的影响。如果发动机还没冷却就被突然关闭。会极大地缩短发动机的使用寿命。因此，除紧急情况外，不要突然关闭

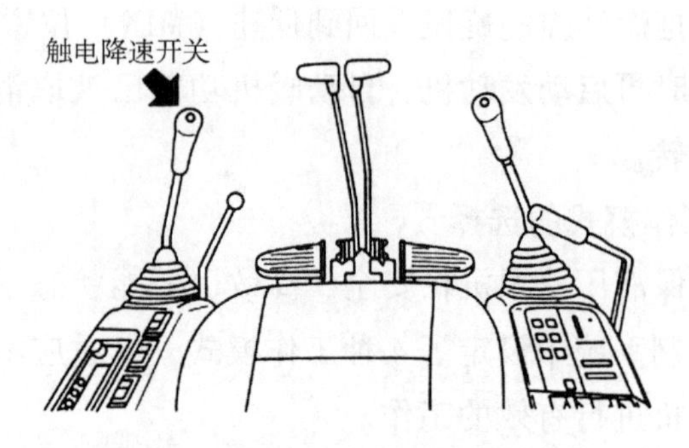

图 4-2 左手按钮（触式加力）开关

发动机。特别是在发动机过热时，更不要突然关闭，应以中速运转，使发动机逐渐冷却，然后再关闭发动机。正确关闭发动机的步骤如下。

①低速运转发动机约 5min，使发动机逐渐冷却。如果经常突然关闭发动机，发动机内部的热量不能及时散发出去，会造成机油提前老化，垫片、胶圈老化，涡轮增压器漏油磨损等一系列故障。

②把启动开关钥匙切换到 OFF 位置，关闭发动机。

③取下启动开关钥匙。

五、关闭发动机后的检查

为了能及时发现挖掘机可能存在的安全隐患，使挖掘机能保持良好的正常工作状态，关闭挖掘机后，应对挖掘机进行下列项目的检查。

①对机器进行巡视，检查工作装置、机器外部和下部车体，检查是否有漏油或漏水。如果发现异常，要及时进行

修理。

②将燃油箱加满燃油。

③检查发动机室是否有纸片和碎屑，清除纸片和碎屑以避免发生火险。

④清除黏附在下部车体上的泥土。

第二节　挖掘机行走的操作

一、行走安全注意事项

①行走操作之前先检查履带架的方向，尽量争取挖掘机向前行走。如果驱动轮在前，行走杆应向后操作。

②挖掘机起步前检查环境安全情况，清理道路上的障碍物，无关人员离开挖掘机，然后提升铲斗。

③准备工作结束后，驾驶员先按喇叭，然后操作挖掘机起步。

④如果行走杆在低速范围内挖掘机起步，发动机转速会突然升高，因此，驾驶员要小心操作行走杆。

⑤挖掘机倒车时要留意车后空间，注意挖掘机后面盲区，必要时请专人予以指挥协助。

⑥液压挖掘机行走速度一高速或低速由驾驶员选择。选择开关“0”位置时，挖掘机将低速、大转矩行走；选择开关“1”位置时，挖掘机行走速度根据液压行走回路的工作压力而自动升高或下降。例如，挖掘机在平地上行走可选择

高速；上坡行走时可选择低速。如果发动机速度控制盘设定在发动机中速（约1400r/min）以下，即使选择开关在“1”位置，挖掘机仍会以低速行走。

⑦挖掘机应尽可能在平地上行走，并避免上部转台自行放置或操纵其回转。

⑧挖掘机在不良地面上行走时，应避免岩石碰坏行走马达和履带架。泥沙、石子进入履带会影响挖掘机正常行走及履带的使用寿命。

⑨挖掘机在坡道上行走时应确保履带方向和地面条件，使挖掘机尽可能直线行驶，保持铲斗离地20~30cm。如果挖掘机打滑或不稳定，应立即放下铲斗；发动机在坡道上熄火时，应降低铲斗至地面，将控制杆置于中位，然后重新启动发动机。

⑩尽量避免挖掘机涉水行走，必须涉水行走时应先考察水下地面状况，且水面不宜超过支重轮的上边缘。

⑪将回转锁定开关调到SWING LOCK（锁定）位置，并确认在机器监控器上回转锁定监控指示灯亮。

⑫把燃油控制旋钮向高速位置旋转以增加发动机的转速。

二、向前行走的操作

1. 操作方法

把安全锁定控制杆调到自由位置，抬起工作装置并将其抬离地面40~50cm。按下列步骤操作左右行走操纵杆和左右

行走踏板。

①驱动轮在机器后部时，慢慢向前推操纵杆，或慢慢踩下踏板的前部使机器向前行走。

②驱动轮在机器前部时，慢慢向后拉动操纵杆，或慢慢踩下踏板的后部使机器向前行走。

2. 注意事项

低温条件时，如果机器行走速度不正常，要彻底进行暖机操作。

如果下部车体被泥土堵塞，机器行走速度不正常，要清除下部车体上的污泥。

三、向后行走的操作

将安全锁定控制杆调到自由位置，抬起工作装置并将其抬离地面40~50cm。按下列操作左右行走操纵杆和行走踏板。

①驱动轮在机器的后部时，慢慢向后拉操纵杆，或踩下踏板的后部使机器向后行走。

②驱动轮在机器的前部时，慢慢向前推操纵杆，或踩下踏板的前部使机器向后行走。

四、停止行走的操作

1. 操作方法

把左右行走杆置于中位，便可停住机器。

2. 注意事项

避免突然停车，停车处要有足够的空间。

五、正确行走的操作

1. 正确行走操作要求

挖掘机行走时，应尽量收起工作装置并靠近机体中心，以保持稳定性；把终传动放在后面以保护终传动。

2. 安全注意事项

①要尽可能地避免驶过树桩和岩石等障碍物，以防止履带扭曲；若必须驶过障碍物时，应确保履带中心在障碍物上。

②过土墩时，应始终用工作装置支撑住底盘，防止车体剧烈晃动甚至翻倾。

③应避免长时间停在陡坡上怠速运转发动机，否则会因油位角度的改变而导致润滑不良。

④机器长距离行走，会使支承轮及终传动内部因长时间回转产生高温，机油黏度下降和润滑不良，应经常停机冷却降温，延长下部机体的使用寿命。

⑤禁止靠行走的驱动力进行挖土作业，否则过大的负荷将会导致下车部件的早期磨损或破坏。

⑥上坡行走时，应当驱动轮在后，以增加触地履带的附着力。

⑦下坡行走时，应当驱动轮在前，使上部履带绷紧，以防止停车时车体在重力作用下向前滑移而引起危险。

⑧在斜坡上行走时，工作装置应置于前方以确保安全，停车后，铲斗轻轻地插入地面，并在履带下放置挡块。

⑨在斜坡上停车时，要面对斜坡下方停车，不要侧随斜坡停车。

⑩在陡坡行走转弯时，应将速度放慢，左转时，向后转动左履带，右转时，向后转动右履带，这样可降低在斜坡上转弯的危险。

第三节　挖掘机转向的操作

1. 转向时的注意事项

①操作行走操纵杆前，检查驱动轮的位置。如果驱动轮在前面，行走操纵杆的操作方向是相反的。

②尽可能避免方向突然改变。特别是进行原地转向时，转弯前要停住机器。

③用行走操纵杆改变行走方向。

2. 停住转向的操作方法

（1）向左转弯

向前行走时，向前推右行走操纵杆，机器向左转向；向后行走时，往回拉右行走操纵杆，机器向左转向。

（2）向右转弯

向右转弯时，以同样的方式操作左行走操纵杆。

3. 行进中改变挖机行走方向的操作方法

（1）向左转弯

在行进过程中，当向左转向时，将左边的行走操纵杆置于中位，机器将向左转。

（2）向右转弯

在行进过程中，当向右转向时，将右边的行走操纵杆置于中位，机器将向右转。

4. 原地转向的操作方法

（1）原地向左转弯

使用原地转向向左转弯时，往回拉左行走操纵杆并向前推右行走操纵杆。

（2）原地向右转弯

使用原地转向向右转弯时，往回拉右行走操纵杆并向前推左行走操纵杆。与左转操作相反。

第四节　挖掘机工作装置的操作

挖掘机挖掘作业过程中，工作装置主要有铲斗转动、斗杆收放、动臂升降和转台回转 4 个动作。作业操纵系统中工作油缸的推拉和液压马达的正、反转，绝大多数是采用三位轴向移动式滑阀控制液压油流动的方向实现的；作业速度是根据液压系统的形式（定量系统或变量系统）和阀的开度大小等由操作人员控制，或者通过辅助装置控制。

1. 操作方法

工作装置的动作是由左、右两侧的工作装置操纵杆控制和操作的。左侧工作装置操纵杆操作斗杆和回转；右侧工作装置操纵杆操作动臂和铲斗。松开操纵杆时，它们会自动地回到中位，工作装置保持在原位。

机器处于静止及工作装置操纵杆中位时，由于自动降速功能的作用，即使燃油控制旋钮调到MAX位置，发动机转速也保持在中速。

2. 回转时的操作

（1）操作方法

进行回转操作时，应按以下步骤进行。

①在开始回转操作以前，将回转操作开关置于OFF位置，并检查回转锁定指示灯是否已熄灭。

②操作左侧工作装置操纵杆进行回转操作。

③不进行回转操作时，将回转操作开关置于SWING LOCK位置，以锁定上部车体。回转锁定指示灯应同时亮。

（2）注意事项

①每次回转操作之前，按下喇叭开关，防止意外发生。

②机器的后部在回转时会伸出履带宽度外侧，在回转上部结构前，要检查周围区域是否安全。

3. 蓄能器

蓄能器是用于工作时储存机器控制回路中压力的装置。发动机关闭后，在短时间内通过操作控制杆可释放蓄能器储存的压力，通过操作控制回路，使工作装置在自重作用下降至地面。蓄能器安装在液压回路的六联电磁阀的左端。

装有蓄能器的机器控制管路的卸压步骤如下。

①把工作装置降至地面，然后关闭破碎器或其他附件。

②关闭发动机。

③把启动开关的钥匙再转到ON位置，以使电路中的电

流流动。

④把安全锁定杆调到松开位置，然后全行程前、后、左、右操作工作装置操纵杆以释放控制管路中的压力。

⑤把安全锁定控制杆调到锁定位置，以锁住操纵杆和附件踏板。

⑥此时压力并不能完全卸掉。若拆卸蓄能器，应渐渐松开螺纹。切勿站在油的喷射方向前。

蓄能器内充有高压氮气，不当操作有造成爆炸的危险，导致严重的伤害或损坏。操作蓄能器时，须注意以下几点。

①控制管路内的压力不能被完全排除，拆卸液压装置时，不要站在油喷出的方向。要慢慢松开螺栓。

②不要拆卸蓄能器。

③不要把蓄能器靠近明火或暴露在火中。

④不要在蓄能器上打孔或进行焊接。

⑤不要碰撞、挤压蓄能器。

⑥处置蓄能器时，须排除气体，以消除其安全隐患。处置时应与挖掘机经销商联系。

第五节　挖掘机正确停放的操作

1. 操作方法

停放机器应按下列步骤进行，正确停放姿势如图 4-3 所示。

①把左右行走操纵杆置于中位。

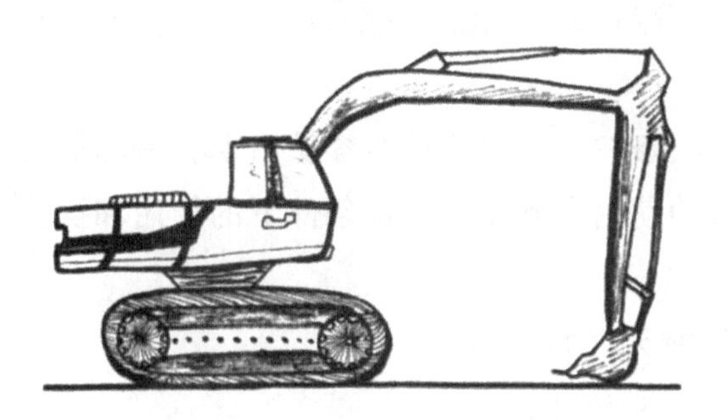

图 4-3　挖掘机正确停放姿势

②用燃油控制旋钮把发动机转速降至低速。

③水平落下铲斗，直到铲斗的底部接触地面（图 4-3）。

④把安全锁定控制杆置于锁定位置。

完成作业后，应检查机器监控器上发动机冷却液温度、机油压力和燃油油位。

2. 注意事项

停止作业后，需要离开机器时，应用启动开关钥匙打开或锁好下述位置。

①驾驶室门，且注意关好车窗。

②燃油箱注油口。

③发动机罩。

④蓄电池箱盖。

⑤机器的左、右侧门。

⑥液压油箱注油口。

第六节　低温下挖掘机的使用与操作

在低温条件下，发动机不容易启动，冷却液会冻结。因而挖掘机的使用和操作与正常条件下的使用和操作有不同的要求。

1. 寒冷天气的操作

（1）燃油和机油

应换用低黏度的燃油和机油。可查阅挖掘机使用操作手册选择燃油和机油的牌号。

（2）冷却系统的冷却液

在寒冷天气条件下，应在冷却系统加防冻液。防冻液加入的混合比可根据防冻液产品说明书确定。使用防冻液注意事项如下。

①防冻液有毒，不要让防冻液溅到眼睛或皮肤上。假如溅到眼睛或皮肤上，要用大量清水进行冲洗并立即就医。

②处理防冻液时要格外注意。当更换含有防冻液的冷却液时，或修理散热器处理冷却液时，请与挖掘机经销商联系或询问当地防冻液销售商。注意，不要让液体流入下水道或洒到地上。

③防冻液易燃，不要靠近任何火源。处理防冻液时，禁止吸烟。

④不要使用甲醇、乙醇或丙醇基防冻液。

⑤绝对避免使用任何防漏剂，单独使用或与防冻液混合

使用都是不允许的。

⑥不同品牌的防冻液不可混合使用。

⑦在买不到永久型防冻液的地区，在寒冷季节只能使用不含防腐剂的乙二醇防冻液。这种情况下，冷却系统要一年清洗两次（春季和秋季）。向冷却系统加注时，在秋季应添加防冻液。

⑧防冻液的有效期一般为 2 年，随着使用时间的延长防冻能力下降。

⑨存放防冻液时，应用密封盖和有明显记号的容器存放，宜保存在儿童接触不到的地方。

（3）蓄电池

1）使用蓄电池时注意事项

①如果蓄电池电解冻结，不要用不同的电源给蓄电池充电或启动发动机，这样做有造成蓄电池爆炸的危险。

②环境温度下降时，蓄电池的容量也随之下降。如果蓄电池的充电率低，蓄电池电解液会冻结。要保持蓄电池充电率尽量接近 100%，并使蓄电池与低温隔绝，以便第二天可以容易地启动机器。

2）蓄电池的防冻方法

①用保温材料包裹。

②将蓄电池从机器上卸下来放在温暖的地方，次日早上再装到机器上。

③如果电解液的液位低，要在早上开始工作前添加蒸馏水。不要在日常工作后加水，以防止蓄电池内的液体夜晚

冻结。

蓄电池的充电率通过测量电解液的密度算出；温度可通过表4-2算出。

表4-2　电解液规定密度与充电率之间的换算

液体温度/℃ 充电率/%	20	0	-10	-20
100	1.28	1.29	1.30	1.31
90	1.26	1.27	1.28	1.29
80	1.24	1.25	1.26	1.27
75	1.23	1.24	1.25	1.26

2. 日常作业完工后的操作

为防止下部车体上的泥土、水冻结造成机器次日早晨不能移动，要遵守下列注意事项。

①彻底清除机身上的泥和水，这是为了防止由于泥、脏物与水滴一起进入密封内部而损坏密封。

②要把机器停放在坚硬、干燥的地面上。如果可能，把机器停放在木板上，这样可防止履带冻入土中，使机器可以在第二天早上方便启动。

③打开排放阀，排除燃油系统中聚积的水，防止冻结。

④在水中或泥中操作后，要按下面的方式排出下部车体中的水以延长下部车体的使用寿命。

A. 发动机以低速运转，回转90°把工作装置转到履带一侧。

B. 顶起机器，使履带稍微抬离地面，使履带空转。左右两侧的履带重复这种操作。

在进行上述操作时，履带空转是危险的，无关人员要离履带远一些。

⑤操作结束后，要加满燃油，防止温度下降时空气中的湿气冷凝形成水。

3. 寒冷季节过后的操作

当天气变暖时，按下列步骤进行。

①用规定黏度的油更换所有的燃油和机油。

②如果由于某种原因不能使用永久型防冻液，而用乙二醇基防冻液（冬季型）代替防冻液，要完全把冷却系统排干净，然后彻底清洗冷却系统内部，并加入新鲜的软水。

第五章　挖掘机维护与保养

第一节　日常检查

一、日常检查的项目

日常检查是机器启动前对机器所进行的必要的确认，以避免在操作过程中产生机器损坏、人员伤亡等安全事故，因此非常重要。日常检查主要包括以下几个方面。

①检查控制开关和仪表。

②检查冷却液、机油和液压油的液位。

③检查软管和管路的泄漏、扭结、磨损或损坏。

④绕机器巡回检查一般现象、噪声、热量等。

⑤检查零件的松动和遗失。

二、日常检查的注意事项

1. 检查控制器和仪表

开机前将钥匙开关打开至“ON”位置，观察各指示灯是否有异常（注意：还未检查机油和冷却液的液位，此时请

勿启动发动机)。

检查仪表盘及开关盘是否正常，内容主要包括以下几点。

①检查各指示灯工作是否正常。

②检查燃油表指示是否正常。检查燃油表指示，若燃油油量偏低，请加油。加注燃油时，一定要在停机状态下，且加油现场应严禁明火。目前，绝大多数液压挖掘机使用的燃油是柴油，加注柴油的牌号应符合施工环境温度的需要，且只使用 GB 252—2015《普通柴油》。一般情况下，使用 0 号(4℃以上)；在冬季，使用-10 号（-5℃以上)；在严寒地区，使用-35 号（-29℃以上)。若牌号不符，则可能导致柴油因受冻而结蜡，机器无法正常运转。

③检查显示器指示是否正常。若指示灯损坏，请及时与指定的经销商联系。若小时表的显示达到规定保养间隔时间，请进行相应的保养操作。

④检查各工作开关是否处于合适位置。发动机控制表盘应处于低怠速位量。若以高怠速位置启动发动机，则很容易损坏涡轮增压器等发动机部件。

2. 检查冷却液、机油和液压油的液位

启动发动机前，检查冷却液液位、机油油位和液压油的油位方法见前第四章第一节。

注意事项如下。

①检查油位时，机器务必要停放在平整的地面上，否则检查出的油位可能是不准确的。刚关机后便检查油位也是不

正确的。应该在停机10分钟以后再进行检查。

②进行检查时，请锁紧发动机罩盖及各侧门，防止意外关闭而导致受伤。

③悬挂“禁止操作”指示牌，防止在进行检查过程中有人误操作机器。请注意，不要用机器的仪表检查来代替人工检查。因为机器的电路系统有时是会出故障的。

3. 检查软管和管路

每天工作前都应检查软管和管路是否有泄漏、扭结、磨损或损坏等现象。扭结、磨损的管路若不及时修理或更换，会导致损坏或泄漏等更大的安全事故。因此决不可对软管和管路的小毛病视而不见。

产生这些隐患的管路主要集中在燃油路、先导油路及主油路。因为挖掘机的液压油路一般压力较高，发现泄漏时应注意以下几点。

①压力下喷出的液体能穿透皮肤，导致重伤。为防止受伤，应用纸板查找泄漏。小心不要让手、身体、眼睛等部位接触到高压液体。万一事故发生，立即到医院接受治疗。射入皮肤内的任何液体必须在几小时内进行外科去除，否则会导致坏疽。

②外漏的液压油和润滑剂能引起火灾，造成人身伤亡。为防止此类危险，检查时应做到以下几点。

A. 机器停放在坚实平地上。将铲斗降至地面。关掉发动机。从钥匙开关上取下钥匙。把先导锁杆拉到LOCK（锁住）位置。

B. 检查是否有遗失或松动的夹子、扭曲软管、相互摩擦的管道或软管，油冷却器是否损坏，其法兰螺栓是否松动，有无漏油。若发现异常，应进行更换或紧固，或与指定经销商联系。

C. 紧固、修理或更换任何松动、损坏或遗失的夹子、软管、管道、油冷却器及其法兰螺栓。不要弯曲或碰撞高压管道。绝对不可安装弯曲或损坏的软管或管道。

D. 拆卸液压管路前，应在停机状态（图 4-3）下放下先导锁杆，操作各操纵杆以释放回路中的压力。但这样并不能完全释放压力，拆卸时应慢慢松开接头，人走开一点，以防液压油喷射出来。

4. 绕机器巡回检查

在机器启动的情况下，可绕机器一周检查机器，注意发动机、液压设备等的噪声、热量有无异常。

但是在进行此类操作时，应特别注意以下几点安全事项。

①将铲斗降至地面，拉起先导锁杆。

②在左操作手柄上悬挂“禁止操作”指示牌后，方可离开驾驶室。

③如果条件允许，可请他人帮助看管驾驶室，防止有人在此期间误操作机器。

5. 检查零件

每天操作前应检查各部件有无零件的松动和遗失。主要包括以下几方面。

①铲斗齿有无磨损和松动。在更换铲斗齿时，为了防止因金属片的飞出而导致的受伤，请佩戴护目镜或安全眼镜和适合作业的安全器具。

②安全带的锁扣和连接件有无老化或磨损。如发现老化磨损，安全带应立即更换。学习掌握安全带使用的正确方法，工作时请务必扣紧安全带。

第二节　技术保养要求

技术保养分日常保养和定期保养。

一、日常保养项目内容和技术要求

履带式挖掘机日常维护项目内容和技术要求，见表5-1。

表5-1　履带式挖掘机日常维护项目内容和技术要求

部件	序号	维护部件	项目内容	技术要求
发动机	1	曲轴箱油面	检查、添加	停机面处于水平状态，油面应达到标尺上的刻线标记，不足时添加
	2	水箱冷却水量	检查、添加	不足时添加
	3	喷油泵调速器机油量	检查、添加	不足时添加
	4	风扇皮带	检查、调整	下垂10~20mm
	5	管路及密封件	检查	消除油、水管接头的漏油、漏水现象；消除进排气管、气缸盖等垫片处的漏气现象
	6	仪表、开关	检查	仪表正确、开关良好有效

（续表）

部件	序号	维护部件	项目内容	技术要求
发动机	7	喷油泵传动连接盘	检查	连接螺钉是否松动，否则应重新调校喷油提前角，并拧紧连接螺钉
	8	紧固件	检查、紧固	螺栓、螺母、垫圈等紧固件无松动、缺损
	9	工作状态	检查	声音无异响、气味无异常、颜色浅灰
主体	10	液压油箱、密封、磁性滤清器及主滤清器	检查	液压油容量符合规定、无泄漏，油质符合要求； 新车100h以内，每日检查磁性滤油器及主滤清器，应清洁有效
	11	操作机构	检查	各操作手柄无卡滞，作用可靠
	12	工作油散热器传动带	检查、调整	下垂10~20mm
	13	液压油泵及传动轴	检查	作用可靠，无振动，无异常，无漏油现象
	14	回转滚盘及齿圈连接螺栓	检查、紧固	无松动、缺损
	15	履带	检查、调整、清洁	在平整路面上，履带下垂量为40~55mm； 2. 清除履带装置上的泥土，用废机油润滑履带链节销
	16	驱动轮、导向轮、支重轮、托带轮	检查	无漏油现象、缺油时添加
	17	液压元件	检查	动作准确，作用良好，无卡滞，无泄漏
	18	管路接头、压板	检查、紧固	管路畅通，无泄漏，压板无缺损松动
	19	紧固件	检查	无松动，缺损

（续表）

部件	序号	维护部件	项目内容	技术要求
工作装置	20	液压油缸	检查	无泄漏，无损伤
	21	各铰接头号销轴销套	检查	磨损严重时，应予更换
	22	铲斗	检查、紧固	斗齿如有松动，应紧固；磨损超限时，应焊修
电气设备	23	蓄电池	检查	电解液高出极板顶面10~15mm
	24	启动机、发电机	检查	作用可靠，性能良好
	25	仪表、照明部分	检查	指示准确，作用有效
其他	26	整机	检查清洁	清除整机外部黏附的泥土、杂物；各连接件应无松动、缺损；各操纵机构应操纵灵活、定位可靠
	27	工作状态	试运转	作业前进行空运转试车，待工作油温上升到50℃，正常进行作业

二、定期保养项目内容和技术要求

履带式挖掘机定期保养项目内容和技术要求，见表5-2。

定期保养应委托厂家指定的售后服务机构承担。

表5-2　履带式挖掘机定期保养项目内容和技术要求

部件	序号	维护部件	项目内容	技术要求
发动机	1	风扇传动带	检查	一组风扇传动带松弛度差超过15mm，应换新
	2	机油滤清器	检查、清洗	拆洗滤芯，如破损应换新
	3	曲轴箱机油	快速分析	通过快速分析，不合格时更换

（续表）

部件	序号	维护部件	项目内容	技术要求
发动机	4	机油泵吸油滤清器	检查、清洗	无污染、堵塞、破损，每 100h 清洗一次
	5	燃油滤油器	检查、清洗	清洗滤芯，滤芯及密封圈如有损坏，应换新
	6	空气滤清器	检查、清洗	每工作 100h，清除集尘盆中的尘土，250h 清洗滤芯，如破损应换新
	7	散热器、机油冷却器	检查、清洁	无堵塞、变形、破损、水垢等；如有漏水、漏油等，应修补
	8	油箱	检查、清洗	无油泥、无渗漏，每 500h 清洗一次
主体	9	液压油滤清器	检查、清洗	清洗滤清器，更换纸质滤芯
	10	液压油栗	检查、紧固	每 500h（新车 100h）检查并紧固油泵的进、出油阀
	11	液压油冷却器传动带	检查	传动带松弛度超过 15mm，换新
工作装置	12	回转平台、司机室机棚	检查	各连接及焊接部位无裂纹，变形或其他缺损
	13	行走机构	检查	磨损正常，无漏油，行走制动器功能良好
	14	行走减速箱	检查	检查油面及油质，不足时添加
	15	液压油冷冻器	清洗	每 500h 清洗一次
	16	液压系统及液压元件	检查、调整	检测液压缸是否有内泄，液压缸铰接点轴及轴套磨损正常，无破损
	17	液压缸及铰接点轴套	检测	检测液压缸是否有内泄，液压缸铰接点轴及轴套磨损正常，无磨损
	18	动臂、小臂及轴套	检测	磨损正常，无裂纹、变形及其他缺陷
	19	铲斗	检测	磨损正常，无裂纹，变形及其他缺陷

（续表）

部件	序号	维护部件	项目内容	技术要求
电器及仪表	20	蓄电池	检查、清洁	电解液液面高出极板 10~15mm，其密度为 1.28~1.30g/cm³（环境温度为 20℃时不低 1.27g/cm³），各格相对密度不大于 0.025g/cm³，极桩清洁，气孔畅通
	21	电气线路	检查	无接头松动，绝缘破裂情况
整机	22	仪表、音响、照明	检查	符合使用要求
	23	螺栓、管接头号	紧固	按规定力矩紧固
	24	工作状态	试运转	带载进行挖掘作业，回转，行驶动作应正常，无不良情况

第三节 技术保养要领

作为一名合格的挖掘机操作人员，除了日常检查外，还应能够根据小时表进行安全、正确的技术保养。请严格按照厂家规定的保养时间间隔进行保养，并坚持使用厂家指定的纯正零部件。

本节以最为常见的柴油直喷发动机为例进行叙述。近几年出现的电喷发动机、LNG 压缩天然气发动机的日常维护，请查阅其供应商的设备手册和产品维护说明书。

尤其注意：对于智能型柴油电喷发动机的高压共轨系统，因其不可维修性造成后期使用系统更新的成本高昂，需要特别注意获得原厂专业技术人员维修指导，按原厂技术要求更换系统。

一、加注润滑脂

在按照厂家的保养间隔为前端工作装置及回转滚盘加注润滑脂时，应注意以下方面。

①当机器在水、泥中或在极其严酷的条件下操作时，需要将前端工作装置润滑脂的加注时间缩短为每8h一次。

②在最初50h（磨合期）内，每天要润滑铲斗和连杆的销轴。

③保养回转内齿圈时，先进行检查。若发现润滑脂状态完好，则不用添加或更换。

④给回转内齿圈添加或更换润滑脂时必须只允许指定一个专职人员去做。在开始工作前，撤离周围所有的人员。

⑤润滑脂加注完毕后，应清理机器上及其周围多余润滑脂，以保证机器清洁并防止滑倒。

二、更换发动机机油

请严格按照厂家规定的时间间隔和机油牌号更换发动机机油。

更换发动机机油注意事项如下。

①先启动发动机以把机油暖热，但不要使机油过热。

②关机前应以低速空转速度空载运转发动机5min。

③关闭发动机，并将先导锁杆放在锁住的位置。

④排放机油时，机油也许相当热，小心不要被烫伤。

⑤在盛放废机油的容器上蒙上一层清洁的白布，以过滤

机油。排放完毕后检查布上是否留有金属碎屑等异物。如果发现此类异物，应立即与指定经销商联系。

⑥换下的废油勿随意排放，应送到指定的回收站。

⑦在机油排放干净后，更换机油过滤器。

⑧机油添加至规定液位后，启动发动机，以低速空载运转发动机几分钟，观察监测仪表盘上的机油压力指示灯是否熄灭。如果不是，立刻关掉发动机并查找原因。

⑨以正确的方法检查机油的油位，如果不足，立即补充。

三、变速箱技术保养要领

1. 泵传动装置齿轮油油位检查

①严格按照厂家规定的时间间隔检查齿轮油油位。

②检查机器前，按照正确的停机方法停机。

③以正确的检查油位方法进行检查。

2. 泵传动装置齿轮油的更换

①严格按照厂家规定的时间间隔更换齿轮油。

②更换齿轮油前，按照正确的停机方法停机。

③更换时，齿轮油有可能很烫，应等到油冷却后再开始更换。

④在盛放废齿轮油的容器上蒙上一层清洁的白布，以过滤齿轮油。排放完毕后检查布上是否留有金属碎屑等异物。如果发现此类异物，应立即与指定经销商联系。

⑤加入新齿轮油后，应检查齿轮油是否达到规定位置。

⑥勿随意排放废油，应送到指定的回收站。

3. 回转减速装置油位检查

①严格按照厂家规定的时间间隔检查齿轮油油位。

②检查机器前，按照正确的停机方法停机。

③以正确的检查油位方法进行检查。

4. 回转减速装置齿轮油的更换

①严格按照厂家规定的时间间隔更换齿轮油。

②更换齿轮油前，按照正确的停机方法停机。

③更换时，齿轮油有可能很烫，应等到油冷却后再开始更换。

④在盛放废齿轮油的容器上蒙上一层布，以过滤齿轮油。排放完毕后检查布上是否留有金属碎屑等异物。如果发现此类异物，应立即与指定经销商联系。

⑤加入新齿轮油后，应检查齿轮油是否达到规定位置。

⑥勿随意排放废油，应送到指定的回收站。

5. 行走减速装置齿轮油检查

①严格按照厂家规定的时间间隔检查齿轮油油位。

②检查机器前，按照正确的停机方法停机。要使行走马达处于正确的位置（图 5-1）。即空气释放塞竖直朝上，油位检查塞 2 水平，排放塞 3 竖直朝下。

③检查机器前，按照正确的停机方法停机。

④检查油位前，先打开空气释放塞。注意，保持身体和脸部远离空气释放塞。齿轮油是烫的，须等到齿轮油冷却后，才能慢慢地松开空气释放塞释放压力。

⑤打开油位检查塞检查油位。正常情况下油位应位于检

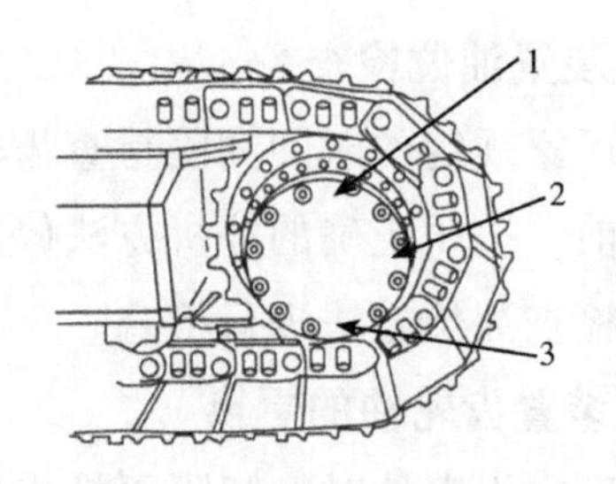

1-空气释放塞；2-油位检查塞；3-排放塞

图 5-1　行走马达齿轮油

查塞孔的孔底。若油量不够，须添加。

⑥塞子应用生料带包缠后拧回。

⑦另一只马达油位的检查同样需要注意以上问题。

6. 行走减速装置齿轮油的更换

①严格按照厂家规定的时间间隔更换齿轮油。

②检查机器前，按照检查油位的方法停机。

③排放齿轮油前，先打开空气释放塞。注意，保持身体和脸部远离空气释放塞。齿轮油是烫的，须等到齿轮油冷却后，才慢慢地松开空气释放塞释放压力。

④排放完齿轮油后，将新齿轮油加入到合适的液位。

⑤另一只马达齿轮油的更换同样要注意以上问题。

⑥勿随意排放废油，应送到指定的回收站。

四、液压传动技术保养要领

1. 注意事项

①当保养液压装置时，确保将机器停放在平坦、坚实地面上。

②将铲斗降至地面，关掉发动机。

③在部件、液压油、润滑油完全冷却后才可开始保养液压装置，因为在完成操作后不久，液压装置中残留有余热和余压。排放液压油箱内的空气以释放内压，并让机器冷却。注意：检查和保养高温、高压液压部件时，有可能引起高温零件、液压油的突然飞出、喷出，易导致人员受伤，因此在拆卸螺栓时，不要将身体和脸对着它们。液压部件即使在冷却后仍可能具有压力。绝对不要试图在斜坡上保养或检查行走和回转马达回路。它们会因自重而具有高压。

④当连接液压软管和管子时，特别注意保持密封表面无污物并避免损坏它们。请牢记以下注意事项：用清洗液洗涤软管、管子和油箱内部，并且在连接之前彻底把它们擦干；使用无损坏或缺陷的 O 形圈，在组装中小心不要损坏它们；当连接软管时，不可使高压软管扭曲；应谨慎地拧紧低压软管夹子，切不可过度拧紧它们。

⑤当加液压油时，应总是使用同牌号的油，不可混合混用不同牌号的油。不可使用厂家指定或推荐使用用油之外的油品。

⑥不可在液压油箱无油状态下运转发动机。

2. 排放液压油箱污物贮槽

①按照厂家规定的时间间隔排放液压油箱污物贮槽。

②为容易排放，在上部回转体旋转 90°后将机器停放在平地上，斗杆伸出，铲斗收回降至地面（图 5-2），使排放塞下部可以顺利放入油盆，防止污物污染环境。

③按照正确的方法关闭发动机。

④按压压力释放按钮来先释放液压油箱内的压力。

⑤注意，在油冷却之前，不可松开排放塞。液压油可能是热的，会造成严重烫伤。

图 5-2　液压油箱排污停机姿势

⑥在油冷却之后，松开排放塞，排出水和沉积物。不可完全移去塞子，只松开到恰好足够排出水和沉积物为止。

3. 更换液压油、清洗吸油过滤器

①按照厂家规定的保养间隔和推荐的液压油的牌号来更换液压油。

②吸油过滤器无需更换，只需在每次更换液压油的同时进行清洗。

③为容易操作，将上部回转体旋转 90°后停放在平地上，将斗杆完全伸出，铲斗完全收回，铲斗降至地面（图 5-3）。

④以正确的方式关闭发动机。

⑤清洗液压油箱顶部，避免污物侵入液压系统。

⑥注意液压油箱具有压力，应按下液压油箱上的压力释放按钮来释放压力，然后小心地取下盖子。

⑦不要在液压泵无油时启动发动机，否则会损坏液压泵。

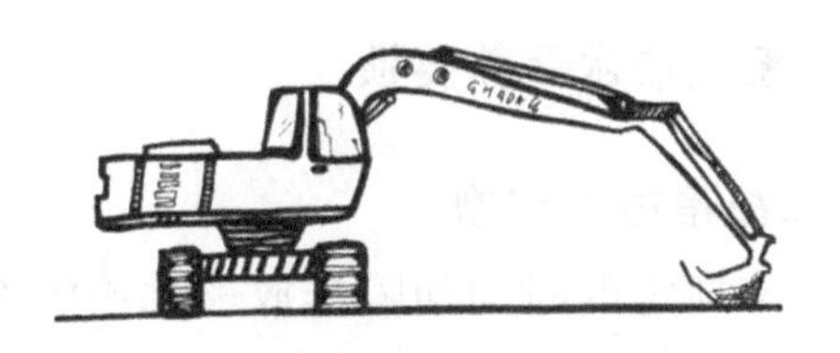

图 5-3　更换液压油停机姿势

⑧加入新液压油后，应先对泵进行排气作业。

4. 更换液压油箱过滤器

①按厂家规定的时间间隔更换过滤器。

②按正确的方式停机。

③注意，液压油箱是有压力的，须按下通气器上的压力释放按钮来释放压力。

④在箱盖底部装有弹簧，具有一定的弹力。当移去最后两个螺栓时，须按住箱盖。

⑤取下滤芯，检查过滤器罐底部是否有金属粒和碎屑。若发现过量的金属粒，则表示液压泵、马达、阀已损坏或将要损坏；而橡皮类碎屑则表示液压缸密封可能损坏。

⑥使用厂家指定的纯正部件。

5. 更换先导油过滤器

①按厂家规定的时间间隔更换过滤器。

②按正确的方式停机。

③注意，液压油箱是有压力的，须按下液压油箱上的压力释放按钮来释放压力。

④使用厂家指定的纯正部件。

五、燃油系统技术保养要领

1. 排放燃油箱污物贮槽

①按照厂家规定的时间间隔排放燃油箱污物贮槽。

②为了容易排放，将上部回转体旋转 90°，机器停放在平地上。停机姿势同更换液压油时（图 5-3）。

③按正确的方式关闭发动机。

④打开燃油箱污物排放塞（图 5-4）的旋塞阀几秒钟，排去水和沉淀物。关掉旋塞阀。

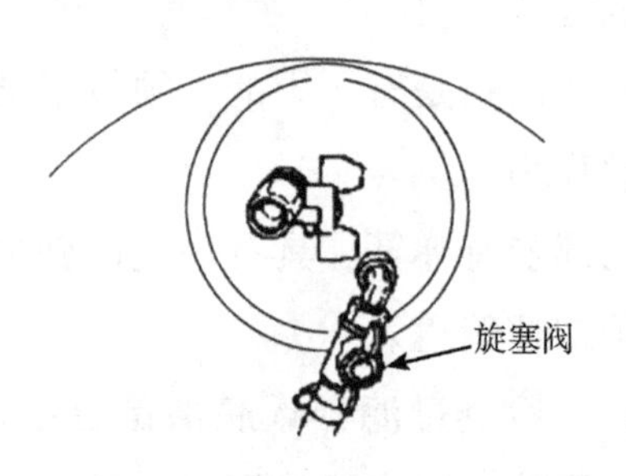

图 5-4 燃油箱污物排放塞

2. 检查油水分离器

①按照厂家规定的时间间隔检查油水分离器。

②如果燃油含有过量的水，缩短油水分离器的检查期间。

③排水之后确保从燃油系统中排出空气。

④在燃油系统里的空气会造成发动机启动困难或异常运转。在排放油水分离器中的水和沉积物，进行了燃油过滤器

的更换，输油泵滤网的清洗或让燃油箱干燥之后，还必须确保排放出燃油系统中的空气。

⑤排气作业完成后，将溢出的燃油擦拭干净。

3. 更换燃油过滤器

①按照厂家规定的时间间隔更换燃油过滤器。

②为了安全和保护环境，当排出燃油时总是使用适当的容器。不可将燃油倒在地上、下水道、废气管道、水沟、河流、池塘或湖泊。应适当地处理废燃油。

4. 清洗输油泵滤网

①按照厂家规定的时间间隔清洗输油泵滤网。

②清洗前确认燃油箱污物排放旋塞处于关闭位置。

③清洗输油泵滤网后，应排除燃油系统中的空气。

六、空气滤清器技术保养要领

当达到厂家规定的时间间隔或空滤堵塞指示灯点亮时，应对空气滤清器进行清扫，达到规定时间或清扫达到一定次数后，需要进行更换滤芯。

进行清扫或者更换滤芯时，应该注意以下几点：

①按照正确的方法停放机器。

②应用压力小于 0.2MPa 的压缩空气清扫外滤芯。清扫时应从滤芯内部向外吹，并提醒驱离周围人员；谨防飞扬的碎片，并穿戴好个人保护器具，包括护目镜或者安全眼镜。

③若在没有压缩空气的场合，可以用手轻轻地拍打外部

滤芯，切不可在硬物上敲打。内部滤芯不用清扫，可在更换外部滤芯时进行更换。

④若清扫空气滤清器后发现指示灯仍然点亮，则立即关闭发动机，更换滤芯。

七、冷却系统技术保养要领

1. 防冻液的调配

机器出厂时，一般加注的是厂家指定的长寿命防冻液。若需要自己调配防冻液，则须注意以下事项。

①冷却水：给散热器装进经过软化处理的纯净的自来水或瓶装水。

②防锈剂：更换冷却液时，在新冷却液中要加入一定量的防锈剂。但使用防冻剂时就不要再加防锈剂。

③防冻剂：如果预测气温将下降到0℃以下，应给冷却系统加入防冻剂和软水的混合液。防冻剂的含量请参考表5-3，一般说来，在30%和50%之间。如果含量小于30%，系统将生锈；如果含量大于50%，发动机将过热。

表5-3　不同温度下防冻液含量

气温（℃）	防冻剂含量（%）	加进容量	
		防冻剂（L）	软水（L）
-1	30	6.9	16.1
-4	30	6.9	16.1
-4	30	6.9	16.1
-11	30	6.9	16.1
-15	35	8.1	14.9

（续表）

气温（℃）	防冻剂含量（%）	加进容量	
		防冻剂（L）	软水（L）
-20	40	9.2	13.8
-25	45	10.4	12.6
-30	50	11.5	11.5

2. 检查和调整风扇皮带张力

①按照厂家规定的时间间隔检查风扇皮带张力。

②磨合期内，应缩短检查时间。

③松弛的皮带有可能造成蓄电池充电不足，发动机过热以及快速、异常的皮带磨损。可是，皮带太紧会使轴承和皮带都受损坏。

④用 98N 按压风扇皮带，若挠度在 8～12mm（此数据各厂家略有不同，请遵从设备使用手册），是正常的。

⑤若皮带过松或者过紧，通过调节螺栓，将之调整至规定值。

⑥装上新皮带时，确保以低速空转速度操作发动机 3～5min 之后再次调整张力，以保证新皮带正确地就位。

3. 更换防冻液

若机器所加冷却液不是长寿命冷却液，则需要每年更换两次（春季和秋季）。

4. 清洗散热器内部

①可以在更换冷却液时，对散热器内部进行清洗。

②在发动机冷却以前，不可直接打开散热器的盖子。缓

慢地把盖子开到底，在移去盖子之前释放全部的压力。

③排放干净冷却液后，可以往散热器内部加注自来水和散热器清洁剂。启动发动机并以略高于低速空转的速度运转，当温度表的指针到达绿色区域时，继续运转发动机十几分钟。然后关闭发动机，排放出自来水。

④重复上步骤，直至排出的自来水为干净的为止。加入调配好的新冷却液。

⑤加完冷却液后，让发动机运转几分钟。然后再次检查冷却液液位。根据需要，可再加入冷却液。

5. 清扫

清扫散热器、油冷却器芯和中间冷却器（中冷器），包括清扫油冷却器前方网罩和空调机冷凝器。

注意使用低压（小于0.2MPa）压缩空气进行清扫。驱离周围人员，谨防飞扬的碎片伤人，并穿戴好个人保护器具，包括眼睛防护用具。

在多尘土环境下操作机器时，须每天检查网罩上有无脏物和堵塞。如果有堵塞，要拆下、清洗并再装上网罩。

八、电系统技术保养要领

不适当的无线电通信装置和附件，以及不合理的安装方式都将影响机器的电子部件，易引起机器的异常转动，甚至导致机器发生故障、失火。在安装无线电通信装置或附加电器部件，或者更换电气部件时，务必询问指定经销商。

绝对不要试图分解或改造电气、电子部件。如果需要更

换或改造这些部件，请与指定经销商联系。

1. 蓄电池检查注意事项及遇险处理方法

注意蓄电池在工作过程中会产生气体，该气体能引起爆炸。应防止火花星和火焰接近蓄电池。用手电筒来检查电解液的液位，避免用眼睛凑近直接目测，以免吸入酸雾或者液体溅入眼睛。

当电解液液位低于规定时，不要继续使用蓄电池或给蓄电池充电。否则可能导致蓄电池爆炸。

蓄电池电解液内的硫酸是有毒的，它有相当强的酸性，能灼伤皮肤，使衣服受蚀破洞。如果溅进眼睛，将造成失明。

可采用以下方法来避免危险。

①在通风良好的地方对蓄电池充电。

②戴上眼镜保护用具和橡皮手套。

③加电解液时，避免吸入酸雾。

④谨防电解液的溅出和滴落。

⑤使用适当的辅助蓄电池启动的步骤。

如果皮肤或眼睛溅到酸液，应及时采取如下措施。

①用水冲洗皮肤。

②使用小苏打或石灰来中和酸。

③用水冲洗眼睛 10~15min，并立即接受医疗。

如果误饮硫酸，应及时采取如下措施：

①喝大量的水或牛奶。

②然后喝镁氧乳液，搅拌过的蛋液或者植物油。

③立即接受医疗。

在冰冻天气，开始一天的作业前，或给蓄电池充电前，给蓄电池加水。

如果在电解液液位低于规定下刻线的状态下使用蓄电池，蓄电池会很快老化。重新加电解液时，不要超过规定的上刻线。否则电解液会溅出，损坏油漆表面，腐蚀其他机器零件。万一在加电解液时液位超过上位线，或超出套筒的底端，用移液管吸出过量的电解液，直到电解液位降到套管的底端。务必用碳酸氢钠中和吸出的电解液，然后用大量的水冲洗掉。

2. 检查电解液液位

至少每月检查一次电解液液位。检查时，应把机器停放在平地上，停下发动机。

检查电解液液位方法如下。

（1）能从蓄电池侧面检查液位时

用湿毛巾擦干净液位检查线部分。不要用干毛巾。否则可能会有静电，引起电池气体爆炸。检查电解液液位是否在U. L（上位）和L. L（下位）之间。如果电解液位低于U. L和L. L之间的中间液位，立即补充蒸馏水或商业蓄电池液。在充电（操作机器）前，务必补充蒸馏水，补充后，拧紧加液塞。

（2）不能从蓄电池侧面检查液位时，或侧面上没有检查标记时

取下蓄电池顶上的加液口塞，然后通过观察加液口检查

电解液位。在此情况下，很难判断精确的电解液液位。因此，当电解液液位与 U. L（上位）平齐时，认为液位合适。当电解液液位低于套管的底端，补充蒸馏水或商业蓄电池液，使液位到达套管的底端。在重新充电（操作机器）前，务必补充蒸馏水。补充液体后，拧紧加液塞。

（3）有指示器可供检查液位时

可按照指示器的检查结果。

另外，要始终保持蓄电池接线端部位的清洁，以免蓄电池放电。检查接线端是否松动、锈蚀，给接线端涂上润滑脂或矿脂，以防止腐蚀。

3. 检查电解液密度

应在电解液冷却之后，检查电解液的密度。避免在刚完成设备操作作业后立即进行。要检查每个蓄电池单元的电解液密度。

电解液密度限度随电解液的温度而变，根据电解液温度推荐的密度工作范围如图 5-5 所示。

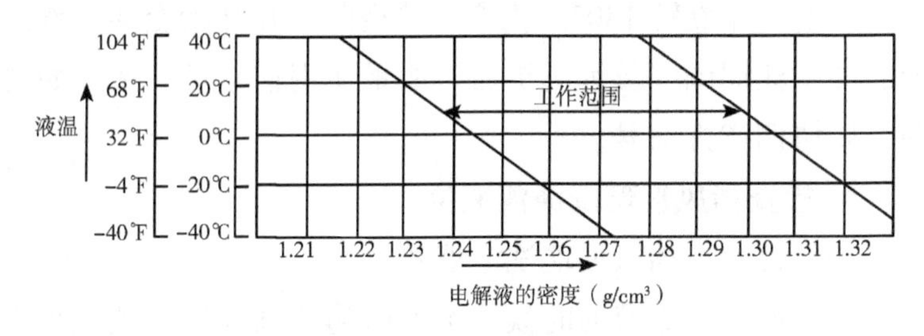

图 5-5　电解液密度范围

4. 更换蓄电池

机器上有2个串联的12V蓄电池。如果24V系统中的其中一个蓄电池失效而另一个正常，则用同型蓄电池来更换失效的蓄电池。不同形式的蓄电池不得混用，因为不同型号的蓄电池充电速度可能不同，混合使用会使蓄电池中的一个因过载而失效。

5. 更换保险丝

如果电器设备不工作，应首先检查保险丝。保险丝位置/规格图表应贴在保险丝盒的盒盖上。要安装具有正确安培数的保险丝，谨防因过载而损坏电系统。

九、附属装置技术保养要领

1. 更换铲斗

在击出或者敲入连接销时，谨防被飞出的金属屑或者碎片击伤，要戴上护目镜或安全眼镜和适合作业的安全器具。

2. 变换铲斗连接至正铲

为给铲斗旋转180°提供充分的空间，在开始变换工作之前，注意让周围人员远离机器。如果使用信号员，在开始之前，要协调指挥信号。

3. 检查挡风玻璃洗涤液液位

①经常检查挡风玻璃洗涤液液位。

②在没有洗涤液的时候，不可以起动刮雨器对挡风玻璃进行干刮。

③在冬季，要使用防冻的全季候挡风玻璃洗涤液。

4. 检查履带的垂度

①按照厂家规定的时间间隔检查履带的垂度。

②以正确的姿态检查履带的垂度（图5-6）。

③如果垂度不在规格之内，可根据厂商的步骤来调松或调紧履带。

④调节履带的垂度时，要把铲斗降到地面，将一侧履带顶起，对另一侧履带也用同样的方法。每次都必须在车架的下部放入垫块，以支撑机器。

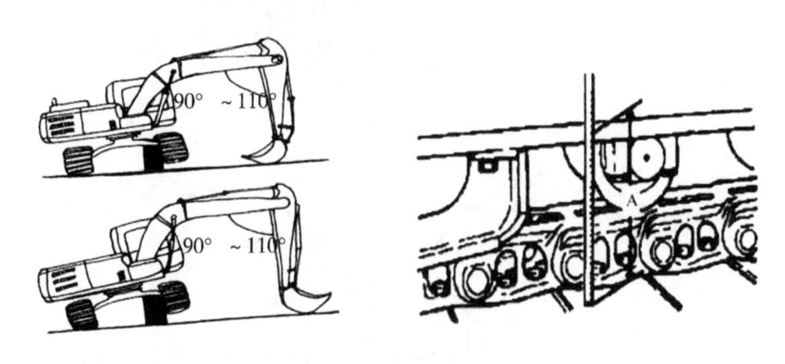

图5-6　履带垂度的检查

⑤再次检查垂度。如果履带垂度还没有达到规定标准，应继续调节，直到获得正确的垂度为止。

⑥调松履带。注意不要快速地或过多地松开阀（图5-7），否则，液压缸中的润滑脂会喷出。应谨慎地把阀松开，且不要把身体和脸部对着阀。绝对不可松开润滑脂嘴。如果链轮与履带之间夹有碎石或泥土，应在调松履带前将它们清除掉。

⑦调紧履带。要调紧履带时，可把润滑脂枪接在润滑脂嘴上，加入润滑脂，直到履带垂度达到规定为止。若在按逆时针方向转开阀后，履带仍然过紧；或者在往润滑脂嘴中加入润滑脂后履带仍然松动，都属于不正常的现象。此时，绝不可试图拆卸履带或履带张紧油缸，因为履带张紧油缸内的高压润滑脂会带来危险，应立即与指定经销商联系。

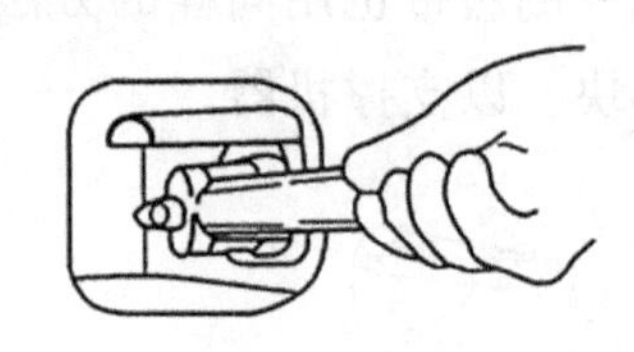

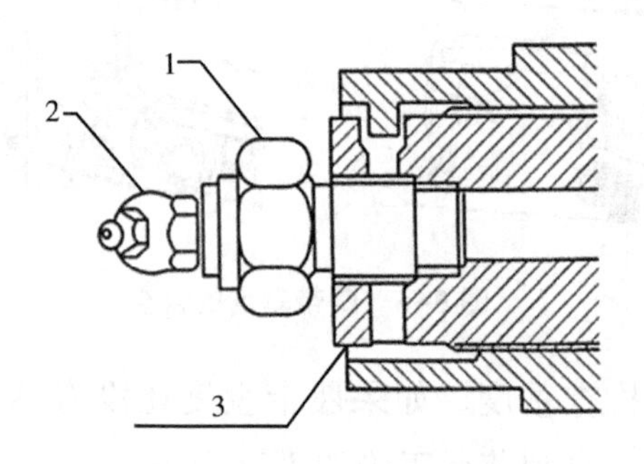

1-阀；2-润滑脂嘴；3-润滑脂出口

图 5-7　履带垂度的调节

5. 清扫和更换空调过滤器

①按照厂家规定的时间间隔清扫和更换空调的新鲜循环空气过滤器。

②若用压缩空气清扫，应注意压力要小于 0.2MPa

（2kg/m²），并疏散周围人员，小心碎片的飞出，并穿戴个人防护器具，包括眼睛保护用具。

③若用水冲洗，应注意以下几点。

A. 用自来水冲洗。

B. 用混有中性洗涤剂的水浸泡约 5min。

C. 再用清水冲洗过滤器。

D. 干燥过滤器。

安装时，应注意新鲜空气过滤器的方向。

6. 检查空调

夏、冬两季，应每天检查空调系统的运转情况。主要包括管道的泄漏、制冷剂量、冷凝器、压缩机、安装螺栓、皮带张紧力等。

7. 检查螺栓和螺母的紧固扭矩

按照厂家规定的时间间隔和数据来检查和紧固各连接螺栓。

8. 底盘保养

在多岩石处工作时，应检查底盘的损坏程度，并检查螺栓和螺母的松紧、裂纹、磨损和破裂等情况。保持适当的履带张力。在泥、雪地上操作时，泥雪会粘在履带的部件上导致履带过紧。当在这一地面上工作时，应将履带张紧装置稍微放松。

工作前后的检查及注意事项如下。

①在泥泞地、雨天、雪地或在海滩上开始工作之前，应检查螺塞和阀的松紧度。在工作之后应立即清洗机器，以保

持机器不致生锈。

②如果工作装置的销轴浸于泥水中，应每天都要对销轴进行润滑。

③销轴销套干磨，温度会很高，检查时要戴上手套防止被烫伤。检查履带中是否有松了或断了的履带板、磨损或损坏的销轴销套。检查支重轮和托带轮。

④不要敲打履带的张紧弹簧，这些弹簧可能承受巨大的压力，受外力容易突然断裂导致人员的伤害。务必遵循制造商关于履带维修的指导进行。

⑤检查终传动箱的油位，加油。

⑥对轮胎式挖掘机进行胎压检查和充气时，注意操作规范和人员防护。

⑦对履带轮液压油箱检查时，必须等待冷却泄压后才可拆卸。

十、工作装置技术保养要领

切勿用三氯化合物清洗油箱内部。润滑油加注点分布如图 5-8 所示，工作装置润滑操作如下。

①将工作装置置于各润滑位置，然后将工作装置置于地面并停止发动机。

②用润滑油枪，按图示箭头号方向的润滑油嘴泵入润滑油。

③在加入新润滑剂之后，将挤出的旧润滑油擦净。

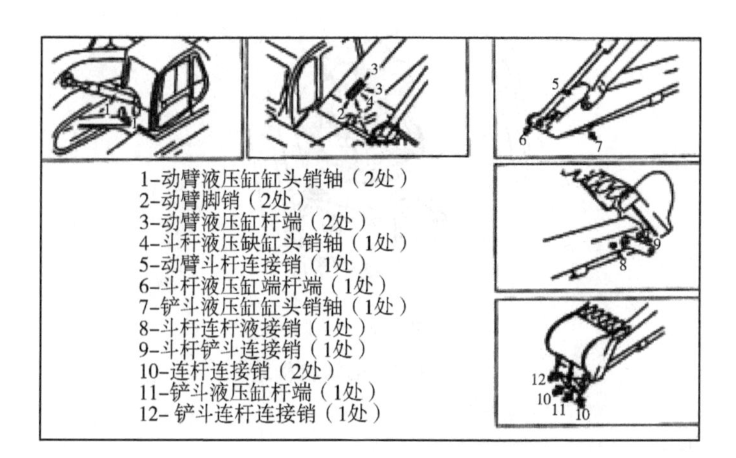

图 5-8　润滑油加注点分布

十一、回转平台技术保养要领

1. 检查回转机构箱的油位，加油

检查回转机构箱（图 5-9），按以下步骤正确加油。

①取下量油尺，并用棉纱擦去尺上的油。

②将量油尺完全插入导套内。

③当量油尺拉出后，如果油位在尺的 H 和 L 标记之间，油位是合适的。

④如果油位没有达到量油尺的 L 标记线，通过量油尺插入孔 F 加注齿轮油。当重新注油时，应拆下放气塞。

⑤如果油位超过油尺上的 H 标记线，松开排放阀。排掉多余的油。

⑥在检查油位或加油之后，将量油尺插入孔内并装好放

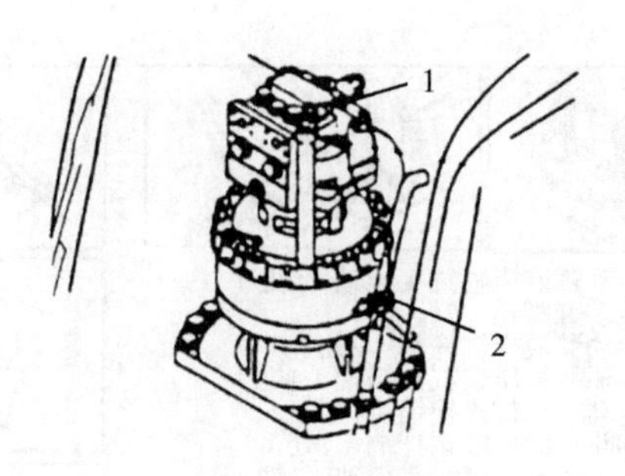

1-量油尺；2-排放阀

图 5-9　回转机构箱

气塞。

2. 从燃油箱中排出水和沉积物

要在运行机器之前进行这一工作，并准备一容器接排出的燃油。

打开油箱底部的排放阀，并排出聚积在油箱底部的杂物和水。当完成这一工作时，应小心不要有油沾到身上。当只有清洁燃油流出时，才能关闭排放阀。

第六章　挖掘机故障与排除

第一节　机械故障诊断的方法

一、机械故障的常见现象

1. 工作突变

如发动机突然熄火，启动困难，甚至不能发动，液压执行元件突然变慢等。

2. 声响异常

如发动机敲缸响，气门脚响，液压泵响等。

3. 渗漏现象

如漏水、漏气、漏油等。

4. 过热现象

如发动机过热、液压油过热、液压缸过热等。

5. 油耗增多

如发动机机油被燃烧而消耗；燃油因燃烧不完全而漏掉等。

6. 排气异常

如气缸上窜机油，废气冒蓝色；燃料燃烧不彻底、废气冒黑烟等。

7. 气味异常

如漏洒的机油被发动机烤干，电气线路过载烧焦的气味等。

8. 外观异常

如局部总成件振动严重，液压油缸杆颜色变暗等。

二、机械故障诊断的方法

1. 故障简易诊断法

故障简易诊断法又称主观诊断法，是依靠维修人员的视觉、嗅觉、听觉、触觉以及实践经验，辅以简单的仪器对挖掘机液压系统、液压元件出现的故障进行诊断，具体方法如下。

（1）看

观察挖掘机液压系统、液压元件的真实情况，一般有六“看”。

一看速度。观察执行元件（液压缸、液压电动机等）运行速度有无变化和异常现象。

二看压力。观察液压系统中各测压点的压力值是否达到额定值及有无波动。

三看油液。观察液压油是否清洁、变质；油量是否充足；油液黏度是否符合要求；油液表面是否有泡沫等。

四看泄漏。看液压管道各接头处、阀块接合处、液压缸端盖处、液压泵和液压电动机轴端处等是否有渗漏和出现油垢。

五看振动。看液压缸活塞杆及运动机件有无跳动、振动等现象。

六看产品。根据所用液压元件的品牌和加工质量，判断液压系统的工作状态。

（2）听

用听觉分辨液压系统的各种声响，一般有四“听”。

一听冲击声。听液压缸换向时冲击声是否过大；液压缸活塞是否撞击缸底和缸盖；换向阀换向是否撞击端盖等。

二听噪声。听液压泵和液压系统工作时的噪声是否过大；溢流阀等元件是否有啸叫声。

三听泄漏声。听油路板内部是否有细微而连续的声音。

四听敲击声。听液压泵和液压电动机运转时是否有敲击声。

（3）摸

用手抚摸液压元件表面，一般有四“摸”。

一摸温升。用手抚摸液压泵和液压电动机的外壳、液压油箱外壁和阀体表面，若接触 2s 时感到烫手，一般可认为其温度已超过 65℃，应查找原因。

二摸振动。用手抚摸内有运动零件部件的外壳、管道或油箱，若有高频振动应检查原因。

三摸爬行。当执行元件、特别是控制机构的零件低速运动时，用手抚摸内有运动零件部件的外壳，感觉是否有爬行现象。

四摸松紧程度。用手抚摸开关、紧固或连接的松紧可靠程度。

(4) 闻

闻液压油是否发臭变质，导线及油液是否有烧焦的气味等。

简易诊断法虽然有不依赖于液压系统的参数测试、简单易行的优点，但由于个人的感觉不同、判断能力有差异、实践经验的多少和故障的认识不同，判断结果会存在一定差异，所以在使用简易诊断法诊断故障有困难时，可通过拆检、测试某些液压元件以进一步确定故障。

2. 故障精密诊断法

精密诊断法，即客观诊断法，是指采用检测仪器和电子计算机系统等对挖掘机液压元件、液压系统进行定量分析，从而找出故障部位和原因。精密诊断法包括仪器仪表检测法、油液分析法、振动声学法、超声波检测法、计算机诊断专家系统等。

(1) 仪器仪表检测法

这种诊断法是利用各种仪器仪表测定挖掘机液压系统、液压元件的各项性能、参数（压力、流量、温度等），将这些数据进行分析、处理，以判断故障所在。该诊断方法可利用被监测的液压挖掘机上配置的各种仪表，投资少，并且已发展成在线多点自动监测，因此它在技术上是行之有效的。

（2）油液分析法

据资料介绍，挖掘机液压系统的故障约有 70%是油液污染引起的，因而利用各种分析手段来鉴别油液中污染物的成分和含量，可以诊断挖掘机液压系统故障及液压油污染程度。目前常用的油液分析法包括光谱分析法、铁谱分析法、磁塞检测法和颗粒计数法等。

油液的分析诊断过程，大体上包括如下 5 个步骤。

①采样。从液压油中采集能反映液压系统中各液压元件运行状态的油样。

②检测。测定油样中磨损物质的数量和粒度分布。

③识别。分析并判断液压油污染程度、液压元件磨损状态、液压系统故障的类型及严重性。

④预测。预测处于异常磨损状态的液压元件的寿命和损坏类型。

⑤处理。对液压油的更换时间、液压元件的修理方法和液压系统的维护方式等做出决定。

（3）振动声学法

通过振动声学仪器对液压系统的振动和噪声进行检测，按照振动声学规律识别液压元件的磨损状况及其技术状态，在此基础上诊断故障的原因、部位、程度、性质和发展趋势等。此法适用于所有的液压元件，特别是价值较高的液压泵和液压马达的故障诊断。

（4）超声波检测法

应用超声波技术在液压元件壳体外和管壁外进行探测，

以测量其内部的流量值。常用的方法有回波脉冲法和穿透传输法。

(5) 计算机诊断专家系统

基于人工智能的计算机诊断系统能模拟故障专家的思维方式，运用已有的故障诊断的理论知识和专家的实践经验，对收集到的液压元件或液压系统故障信息进行推理分析并作出判断。以微处理器或微型计算机为核心的电子控制系统通常都具有故障自诊断功能，工作过程中，控制器能不断地检测和判断各主要组成元件工作是否正常。一旦发生异常，控制器通常以故障码的形式向驾驶员指示故障部位，从而可方便准确地查出所出现的故障。

3. 故障诊断的顺序

应在诊断时遵循由外到内、由易到难、由简单到复杂、由个别到一般的原则进行，诊断顺序如下：查阅资料（挖掘机使用说明书及运行、维修记录等）→了解故障发生前后挖掘机的工作情况→外部检查→试车观察→内部系统油路布置检查（参照液压系统图）→仪器检查（压力、流量、转速和温度等）→分析、判断→拆检、修理→试车、调整→总结、记录。其中先导系统、溢流阀、过载阀、液压泵及滤油器等为故障率较高的元件，应重点检查。

以上诊断故障的几个方面，不是每一项都要用上，而是根据不同故障具体灵活地运用，但是进行任何故障的诊断，总是离不开思考和分析推理的。对故障分析的准确性，与诊断人员所具备的经验和理论知识的丰富程度有关。认真对故

障进行分析，可以少走弯路。

第二节　常见故障诊断与排除

一、挖掘机常见故障诊断与排除

挖掘机常见故障诊断与排除见表6-1。

表6-1　常见故障诊断与排除

故障现象	原因分析	排除方法
结构件噪声大	①紧固件松动产生异响； ②铲斗与斗干端面间隙磨损加大	①检查并重新拧紧； ②将间隙调整到小于1mm
斗齿在工作中脱落	①斗齿销多次使用，弹簧变形，弹性不足； ②斗齿销与齿座不配套	更换斗齿销
履带在挖掘机下打结	①履带松弛； ②在崎岖道路上驱动轮在前快速行驶	①装进履带；调紧张紧度 ②道路崎岖时导向轮在前慢速行驶
风扇不转	①电气或接插件接触不良； ②风量开关、继电器或温控开关损坏； ③保险丝断或电池电压太低	修理或更换

（续表）

故障现象		原因分析	排除方法
风扇运转正常，但风量小		①吸气侧有障碍物； ②蒸发器或冷凝器的翅片堵塞，传热不畅； ③风机叶轮有一个卡死或损坏	清理、检修
压缩机不运转或运转困难		①电路因断线、接触不良导致压缩机离合器不吸合； ②压缩机皮带张紧不够，皮带太松； ③压缩机离合器线圈断线、失效； ④储液器高低压开关不起作用	①修理或更换离合器线圈 ②调整皮带张紧度
冷媒（制冷剂）量不足		①制冷剂泄漏； ②制冷剂充注量太少	①排除泄漏点； ②充入适量制冷剂
低压压力偏高	低压管表面有霜附着	①膨胀阀开启太大； ②膨胀阀感温包接触不良； ③系统内制冷剂超量	①更换膨胀阀； ②正确安装感温包； ③排除一部分制冷剂，达到规定量
低压压力偏低	高低压表均低于正常值	制冷剂不足	补充制冷剂到规定量
	低压表压力有时为负压	低压胶管有堵塞，膨胀阀有冰堵或脏堵	修理系统，冰堵应更换贮液器
	蒸发器冻结	温控器失效	更换温控器
膨胀阀入口侧凉，有霜		膨胀阀堵塞	清洗或更换膨胀阀
膨胀阀出口侧不凉，低压压力有时为负压		膨胀阀感温管或感温包漏气	更换膨胀阀

（续表）

故障现象		原因分析	排除方法
高压表压力偏高	高压表压力偏高，低压表压力偏高	①循环系统中混有空气； ②制冷剂充注过量	①排空，重抽真空充制冷剂； ②放出适量制冷剂
	冷凝器被灰尘杂物堵塞，冷凝风机损坏	冷凝器冷凝效果不好	清洗冷凝器，清除堵塞，检查更换冷凝风机
高压表压力偏低	高低压压力均偏低，低压压力有时为负压，压缩机有故障	①制冷剂不足； ②低压管路有堵塞、损坏； ③压缩机内部有故障，压缩机及高压管发烫	①修理并按规定补充制冷剂； ②清理或更换故障部位； ③更换压缩机
热水阀未关闭；热水阀损坏，关不住	暖风抵消冷气效果，制冷效果差	关闭热水电磁阀	更换热水电磁阀

二、常见故障快速对照表

常见故障快速对照表见表6-2。

表6-2　常见故障快速对照

序号	故障现象	可能原因和解决方法
1	发动机不能启动	①电瓶电压低； ②导线或启动开关损坏； ③启动马达电磁开关或启动马达损坏； ④发动机曲轴转动的内在问题； ⑤燃油系统有气、滤芯堵

（续表）

序号	故障现象	可能原因和解决方法
2	发动机运转不稳，负荷大时憋车	①燃油系统有气； ②滤芯堵； ③燃油输油泵压力低； ④喷油正时不对
3	发动机功率不足，冒黑烟	①空气滤芯堵； ②涡轮增压器积碳或损坏； ③电控系统故障（在监控器信息区有显示）； ④喷嘴有故障； ⑤喷油正时不对
4	发动机下排气量大、伴有机油	活塞环磨损
5	发动机烧机油，机油消耗大	①活塞环磨损； ②涡轮增压器浮动油封损坏； ③气门导管磨损； ④机油过多
6	水箱中有机油	①机油冷却器故障； ②水泵排水孔堵塞； ③缸垫损毁
7	机油油底内有冷却液	①机油冷却器故障； ②缸垫损毁； ③缸盖或缸体裂纹
8	机油压力低	①机油滤芯堵； ②机油中有柴油； ③机油泵吸入管泄漏； ④机油安全阀损毁； ⑤机油泵损毁； ⑥曲轴或凸轮轴与轴瓦之间间隙过大

（续表）

序号	故障现象	可能原因和解决方法
9	水温过高	①液量少； ②节温器坏； ③风扇转速低； ④水泵坏； ⑤发动机超负荷； ⑥水箱内外堵塞
10	发电机不充电或充电率低	①充电或接地回路或电瓶接头损坏； ②发电机电刷或调压器或整流二极管损坏； ③转子（励磁线圈）坏
11	液压油管颤抖，液压泵声音异常	①液压泵内有空气； ②泵内斜盘或柱塞滑靴磨损；
12	行走跑偏	①履带张紧度需调整； ②行走马达故障； ③回路控制故障
13	爬坡力或挖掘力不足	调节液压回路中的压力
14	机具或行走速度慢	①先导油路或主油路部件故障； ②先导阀或液压泵故障
15	相应的电气机能没有	保险丝损毁

参考文献

李波，2014. 最新挖掘机司机培训教程 [M]. 北京：化学工业出版社.

李宏，张钦良，2010. 小松挖掘机构造原理及拆装维修 [M]. 北京：化学工业出版社.

王朝前，陆少柏，2010. 挖掘机操作 [M]. 沈阳：辽宁科学技术出版社.

王平，2016. 挖掘机安全操作与使用保养 [M]. 北京：中国建筑工业出版社.

徐国杰，2010. 挖掘机械日常使用与维护 [M]. 北京：机械工业出版社.